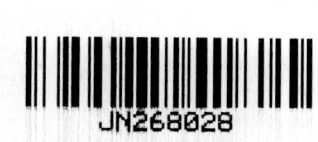

世界の考古学

⑮

人類誕生の考古学

木村有紀

同成社

ケニアのオロルゲサイリエ遺跡
(50万年前の地層からヒヒの骨が出土。アシュール文化の遺跡)

サバンナの風景

（長さ：左10㎝、右９㎝）

（長さ：左10㎝、右８㎝）

オルドヴァイ文化の石器

オルドヴァイ渓谷（タンザニア）
（ジンジャントロプス・ボイセイなど
多くの化石人骨、石器が発見された）

ＦＬＫジンジャントロプス遺跡（オルドヴァイ渓谷）
（175万年前の地層からジンジャントロプス・ボイセイが出土）

アシュール文化の
ハンドアックス
（長さ：15㎝）

ケニアのリュケニア丘陵遠景
（アシュール文化から鉄器時代まで続く遺跡）

リュケニア丘陵に残る
牛の群が描かれた壁画

はじめに

人類進化の研究は、私たちのルーツをさぐる旅である。私たちはどこから来たのか、どのようにして現在にいたったのか。ヒトの進化の研究には、古人類学や考古学、遺伝学などのさまざまな分野が関わっている。これらの研究を紹介して、私たちの現在や今後の生活を考える礎となりたい、というのが本書の大きな目的である。

この本を読む方に、はじめに断っておかなければならないことがある。まず、人類進化の研究でもっとも重要なヒトの分類について、である。人類化石の分類と呼び方は、とてもわかりづらい。化石をどのように分類してどういう名前でよぶか、研究者たちのなかで一致していないからである。専門的な論文で見解が違うのはもちろんのこと、一般向けの本でも書き手の立場によって、化石の呼び名が違うのである。筆者もしばしば、「？？」という感想を持つので、筆者の書いた本書を読む方もまた、そのような感想を持つに違いない。

しかし、これが人類学の現実である。名称を政府が決めて統一する、などというわけにはいかない。少々不便であっても、研究者たちがそれぞれの立場を主張して良いのであり、それが科学というものである。本書では、なるべくわかりやすいような呼び方をこころがけて、いくつか違う立場がある際には、そのように説明したつもりである。なお、筆者は石器の研究が専門なので、自ら主張する特定の説はない。

次に、年代について、である。人類の進化や考古学上の年代は、すべて「おおよそ」の年代であることを強調しておきたい。たとえば歴史上の事件のように、645年に大化の改新が起こり、1192年には鎌倉幕府が成立して……などとはっきりいうわけにはいかない。ヒトの進化では、数十万年、さらには数百万年前の年代を問題にしているのである。たとえ、どんなに良質の資料であっても、異なる年代測定法をいくつかためすと、必ず誤差がでる。したがって、本書にある年代は、必ずその前後の幅をもってとらえていただきたい。

最後に、本書にあることは、2001年３月現在でわかっていることにすぎない。ヒトの進化の研究は、次々と新しい発見があり、刻々と変化している。現時点でわかっていることは、確立された事実ではない。新たな発見があれば、解釈はかわるのである。2000年12月には、現在最古となる600万年前の人類化石の新発見が報道されたばかりだし、遺伝情報にもとづいた研究も今後どんどん増えてくるだろう。学問の進歩と共に、本書の内容は10年後には必ず変わっているはずだ。

著　者

目　次

カバー写真
オルドヴァイ渓谷（タンザニア）
装丁　吉永聖児

人類誕生の考古学

主要遺跡地図

クラクトン
ラスコー
クロマニヨン
サン・タシュール
テラアマタ
ベルテスゾロス
グランドリナ
ヴィンディシャ
トラルバ
アンブロナ
セプラノ
イセルニア
ドゥマニシ
ル・ムスティエ
シャニダール
カフゼ
スフール
ハダール
西ツルカナ
コービフォラ
リュケニア
オロルゲサイリエ
オルドヴァイ
ラエトリ
カランボフォールズ
ブロークン・ヒル
マカパンスガット
タウングズ
スワルトクランス
ステルクフォンテイン
クロムドラーイ
クラシエリバーマウス

第１章　人類とは何か

現在、地球には60億の人が生きている。私たち60億人は、6000以上のさまざまな言語を使い、異なる文化や政治体制のもとに暮らしている。しかし、皮膚の色が違っても話す言葉が違っても、私たちは生物としては同じヒト−ヒト科（*Hominidae*）ヒト属（*Homo*）ヒト種（*sapiens*）である。

今、地球にいるヒトは、私たちホモ・サピエンスだけである。しかし、私たちだけがヒトというわけではない。ヒトが誕生したのは約500万年前のことだが、現在にいたるまでには何種もの私たちの仲間が出現し、消えていったのである。

本書は、約500万年前の最初の人類の出現から氷河期が終わる１万年前までの人類の歴史をたどっていく。この時期を、地質学では鮮新世（500万〜180万年前）と更新世（180万〜１万年前）とよび、考古学では旧石器時代（250万〜１万年前）という。旧石器時代は、人びとが石器を使って野生の食料を狩猟採集しながら暮らしていた時代であり、人類史の99％以上を占める長い時代である。

1　ヒトの定義

（1）　生物としての私たち

私たち現代人の学術名は、霊長目（*Primates*）真猿亜目（*Anthropoidea*）狭鼻下目（*Catarrhini*）ヒト上科（*Hominoidea*）ヒト科（*Hominidae*）ヒト属（*Homo*）サピエンス種（*sapiens*）、という。この長い名前から、私たちは霊長類、つまりサルの仲間であり、生物界で孤立した存在ではないことがわかる。

私たちの属している霊長目は、原猿と真猿の２つに大別できる（図１）。原猿とはアフリカに住むキツネザルやメガネザル、ロリスのことで、その名のとおり、もっとも原始的な霊長類である。真猿はその他の霊長類すべてを指し、新世界ザルの広鼻下目とそれ以外の狭鼻下目の２つにわかれる。狭鼻下目には、旧世界ザルのオナガザル上科とそれ以外のヒト上科がいる。ヒト上科はさらに３つにわかれ、東南アジアに住むテナガザル科、大型類人猿のオランウータン科、そして私たちヒト科が構成員である。

現在生きている動物のうちで、私たちにいちばん近いのはオランウータン科（*Pongidae*）の類人猿である。オランウータン科には、オランウータン（*Pongo*）、ゴリラ（*Gorilla*）、チンパンジー（*Pan*）の３つの属がいる。このうち、私たちにもっとも近いのはチンパンジーである。チンパンジーの祖先と私たちの祖先が異なる進化の道を歩みはじめたのは、今から1000万～500万年前のことである。

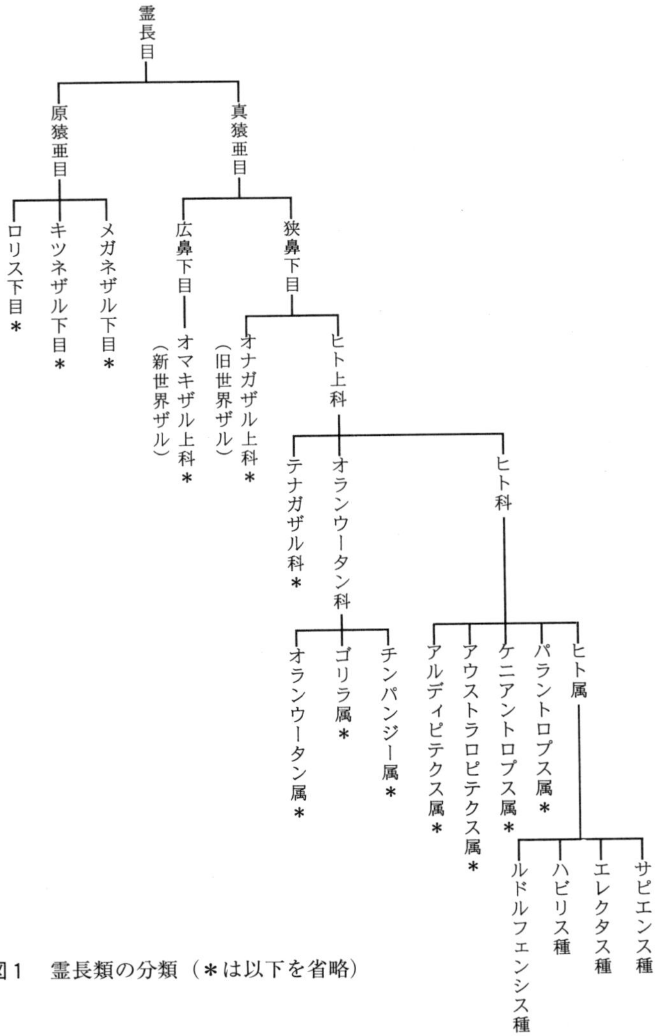

図１　霊長類の分類（＊は以下を省略）

日本語で「ヒト」と書く場合、ヒト科の生物をすべて含んでいる。ヒト科で現在生きているのは私たちヒト属サピエンス種（ホモ・サピエンス）だけだが、過去にはもっと多くの仲間がいた。ヒト科の仲間は、日本語で一般に猿人、原人、旧人、新人とよぶ。しかし、これは進化の段階を一般的に表す用語で、学名ではない。本書では生物学的分類になるべく沿うように、猿人はアウストラロピテクス属とパラントロプス属として、原人はホモ・エレクタス、旧人は古代型ホモ・サピエンス、新人は現代型ホモ・サピエンスとよぶことにする。

（2） ヒトの定義

ヒトは二足歩行をする霊長類である。しかし定義は研究者が便宜的に考えるものであり、時代とともに変わるものである。19世紀には、ヒトといえば現代人のことであった。やがて、人間のような、サルのような化石が発見されるようになり、現代人以外にもヒトがいたらしいと考えるようになったのである。しかし、1950年代までの考えは、ヒトはサルと違って文化をもった生物であり、大きな脳こそがヒトの証拠、というものだった。これを一蹴したのが1974年にエチオピアで発見された、サルのように小さな頭で二足歩行をするアウストラロピテクス・アファレンシスである。二本足で歩くサル、というヒトの定義は、せいぜい30年の歴史しかないのである。

ヒトの「種」は、いったいどのようにして決まるのだろうか。名前をつけるのは研究者だが、どのようにして決めるのか、じつは、明快な基準はないのである。現在生きている種を定義するのは簡単なことだ。種とは、繁殖可能な子どもが生まれる集団をさす。たとえば、馬とロバは生殖可能だが、生まれた子ども、ラバには繁殖能力がない。したがって、馬とロバは違う種なのである。

ところが、すでに絶滅した動物の場合、繁殖できたかどうか、わからない。そこで、化石として残った骨の形を見て種を分類する。全身の化石が発見されることは稀なので、歯や顎の骨など身体の一部を手がかりとして分類することになる。歯は二足歩行の証拠ではないが、遺伝的に安定した形質がある。歯が似ている化石は同じ種、と決めるのである。化石人類は「デンタル・ホミニド（歯の人類）」とよばれる所以である。しかし、連続した形質のどこで線を引くか、判断が研究者によって違うので、同じひとつの化石が違う種に分類されてしまうこともしばしばある。

属は系統的に近い種で構成されるグループであり、科は系統的に近い属で構成される大きなグループである。化石人類の分類は、種でさえも曖昧なことがあるので、属や科の定義になると、ますます渾沌としている。たとえば、250万年前にアフリカに出現する頑丈な顎や歯をもっていたヒトのグループを、アウストラロピテクス属と考える研究者もいるし、パラントロプス属として分類する研究者もいる。現在のヒトの分類は10年前とは違っているし、10年後にはまた違っているかもしれない。分類とはそういう性質のものである。

2　ホミニゼーション

ヒト上科（類人猿とヒトを含む）からヒト科が生まれてきた過程をホミニゼーション（ヒト化）とよぶ。現在生きている私たちホモ・サピエンスと類人猿であるチンパンジーをくらべた場合、両者の違いは明らかである。ヒトは常時直立二足歩行をし、体毛が少なく、女性の受胎期がはっきりとわからず、脳は大きく、言語を話す。一方、チンパンジーはナックルウォーキングし、体毛が多く、メスは受胎期になると性器が腫れ上がり、脳が小さく、音声言語はもたないという解剖学的な違いがある。また、ヒトは道具をつくり、狩猟して肉を食べ、家族をもち、社会組織があり、戦争をし、儀式を行う。一方、チンパンジーはこのような行動はしないという違いもある。

かつては、二足歩行、大きな脳、道具使用がヒトの特徴と考えられており、この3つの要素は最初からひとつのパッケージとしてヒトに備わっていたと考えられていた。ところが研究が進むにつれて、ヒトはまず2本足で立ち、だいぶ経ってから石器をつくりだし、その後で脳が大きくなるというモザイク進化を経て現在にいたることがわかった。つまり、解剖学的進化や行動的進化には時間差があるのだ。

私たちホモ・サピエンスは、過去に生きていたヒトとは違うのである。現在の研究成果によると、常時直立二足歩行をするヒトが現れたのは約450万年前のことである。石器をつくるようになったのは250万年前、脳が大きくなったのは240万年前だが、その後もだんだんと大きくなっていく。狩猟や食物分配はおそらくホモ・エレクタスから、儀式などの抽象的思考はネアンデルタールから、音声言語は私たちホモ・サピエンスからはじまる。

しかし、ヒトの解剖学的特徴や行動は、かならずしも化石に残るわけではない。体毛がいつから薄くなったのかわからないし、受胎期をアピールする生理反応がいつから消えたのか、まったくわからない。言語の進化も確かめるすべはない。抽象的思考の起源はネアンデルタールの埋葬に求められるが、埋葬をしなくても抽象的思考はもっていたかもしれない。

また、霊長類の研究が進むにつれ、ヒトに特有と考えられていた行動、たとえば道具の使用、狩猟、殺人、食物分配などをチンパンジーもすることがわかってきた。つまり、ヒトは行うが、チンパンジーはしない、というような単純なものではなく、ヒトは「つねに」行うが、チンパンジーは「たまに」するという程度の差なのである。たとえ、今生きている私たちとチンパンジーの違いははっきりしていても、かつて生きていたヒトとチンパンジーは行動的にどう違っていたのか、わからないのである。

ヒトの進化は複雑で曖昧である。化石にもとづいてヒトの解剖学的進化を調べるのは自然人類学の役割であり、遺跡に残された石器や獣骨、住居の址などにもとづいて行動的進化を調べるのは考古学の役割である。化石や考古学的資料は、過去に生きていたヒトのほんの一部分であり、部分にもとづいて全体像を復元するのが研究者の仕事である。

3　人類の起源に関する考え方—キリスト教主義

世界にはさまざまな文化や宗教があり、それぞれの創世神話がある。かつて創世神話は人びとの世界観に大きな影響をもっていた。しばしば現世の支配者を神格化し、階級制度を正当化するために政治的に利用されたりもした。

中世ヨーロッパを支配していたのは、封建主義とキリスト教である。人間や動物や植物は神が創ったもので、創世時から今の姿で存在した（種不変説）というのが聖書の教えであり、これがそのままヨーロッパの世界観となっていた。自然界は神の意図による創世であるから完璧であり、生物にはそれぞれ存在する目的がある。自然界は単純な構造をもつ下等な生物から複雑な構造をもつ高等な生物がいて、その頂点に立つのは人間である。この世の誕生は比較的新しく、17世紀のアイルランド人司教 J. アッシャー（Ussher 1581－1656）は、紀元前4004年に地球が誕生したと考えていた。

しかし、このキリスト教世界においても、自然界に対する興味をもって生物を観察する人びとが現れ、18世紀には博物学が発達するようになった。スウェーデンの博物学者、C. リンネ（Linnaeus 1707－1778）は1735年、『自然の構造』という本を出版した。このなかで彼は、生物を属と種の２つのカテゴリーで併記するという二名法を確立し、分類学の基礎をつくった。リンネは人間を *Homo sapiens* として表記し、他の動物といっしょに扱った。これは、人間は他の動物とは違う特別な存在と考えていた当時としては画期的なことだった。しかし、生物を組織的に分類したものの、分類した生物が、ある種から別の種へ変化するとは考えていなかった。

1749年に『博物史』という本を出版したC. ビュフォン（Buffon 1707－1788）は、リンネと同時代にパリ王宮で庭園の管理をしていた人物である。生物は生きている環境に大きく影響される、とビュフォンは考えていた。新たな土地に移動すると、その土地の新しい環境に適応して生物は変化する。しかし、種が変わるとまでは考えていなかった。リンネと同じく、ビュフォンもキリストの教え（種不変説）に疑問をもつことはなかったのである。

ビュフォンの考えをさらに発展させたのがフランス人学者、J. ラマルク（Lamarck 1744－1829）である。彼も、環境が生物に大きく影響すると考えていた。環境が変わるとそれに応じて生物の行動が変わり、身体の一部を頻繁に使ったり、使わなくなったりする。その結果、生物の身体が変化すると考えていた。たとえば、キリンの首が長いのは、高いところに生える葉を食べるために首を伸ばしているうちに、もともと短かった首が長くなり、それが世代を経て首の長いキリンばかりになったためだという。このラマルクの説を、獲得形質の遺伝という。もっとも、親が生きている間につちかった形質は、DNAに刻まれた情報ではないので、子孫に受け継がれることはありえない。しかし、当時は遺伝のメカニズムがわかっていなかったので、ラマルクの説は広く社会に受け入れられた。

一方で、生物の変化をまったく認めない研究者もいた。ラマルクに強硬に反対したのは、古生物学者、G．キュヴィエ（Cuvier 1769－1832）である。彼は、ある生物の化石が突然消えてしまうのは、ノアの洪水のような大災害（カタストロフィ）によって動物や植物が絶滅するからと考えた。災害の後は、隣接する地域から新たな動物や植物がやってきて、いなくなったあとを埋めるわけである。このキュヴィエの考えを、天変地異説（カタストロフィズム）という。生物は神の創世から災害による絶滅まで、固定したまま存在すると考えており、進化の概念など入る余地もなかった。

天変地異説に異論を唱えたのは、スコットランド人地質学者、C．ライエル（Lyell 1797－1875）である。1830年から1833年にかけて『地質学の基礎』3巻を出版したが、そのなかで彼は、過去に起こった風や河川による侵食、洪水、霜、火山活動などさまざまな地質現象が現在の地形をつくった、と述べている。現在起こっている地質現象は、過去に起こっていた現象と同じであるという考えを、斉一論という。地質現象の多くは、洪水のように一瞬で起こるものではなく、侵食のようにゆっくりと進むものである。わずか数千年ではたいした変化は起こらない。地球の創世は、紀元前4004年よりもっと古いはずとライエルは考えていた。

また、自然界ではなく、人間社会を観察して分析する研究も現れた。イギリス人経済学者T．マルサス（Malthus 1766－1834）は、1798年に『人口学の基礎について』という本を発表した。このなかで彼は、食料の供給が制限されない状態では、人口は25年間ごとに倍増していく、と述べている。生物の人口は食料の量によって抑えられているが、人間は食料を自ら生産できるので、人口制御のメカニズムがはたらかない。意外にもこの人間社会の人口問題に関する本が、60年後のダーウィンやウォーラスの生物進化論に大きな影響を与えたのである。

4　人類の起源に関する考え方—進化論

神の創世による自然界、不変の種、数千年という短い地球創世史、といったキリスト教の世界観はやがて、19世紀中頃に登場する進化論によって揺らぐこととなる。進化論を唱えたのは２人のイギリス人である。その一人、チャールズ・ダーウィン（C. Darwin 1809－1882）は、裕福なウェッジウッド一族の生まれであった。彼は大学を卒業すると同時に1831年、ビーグル号に乗りこんで５年間に及ぶ世界一周の旅に出発する。帰国後、日誌を整理しながら、ダーウィンは自分が見聞したことをまとめはじめる。

進化論のヒントとなったのは、南米に住む鳥の多様性である。ビーグル号が帰港したガラパゴス諸島には、嘴の形や大きさが違うフィンチが13種類もいた。ところが、南米大陸にはたった１種類しかいない。ガラパゴスのフィンチは大陸のフィンチともとは同じ種だったが、その土地の環境に応じて適応した結果、さまざまな形に変化していったのではないか、とダーウィンは考えた。

また、彼は、鳩や犬などの家畜についても興味をもっていた。家畜のブリーダーは、ある特徴をもつ者同士を選択して交配させ、のぞましくない特徴をもつ者は交配しないようにする。そうして、数世代の後に自分の思いどおりの特徴をもつ家畜種をつくりあげる。家畜の場合はブリーダーが選択して交配させるが、野生の場合は自然環境がのぞましいものとそうでないものの選択をする、とダーウィンは考えた。自然選択、自然淘汰の考えはここから生まれたのである。

もっとも、自然選択や自然淘汰がダーウィンのオリジナルだったかどうかわからない。彼の祖父、エラスムス・ダーウィン（E. Darwin 1731－1802）は著名な文学者で、人類進化についての文を書き残していた。エラスムスは自然選択の考えももっており、チャールズに影響を与えたといわれている。また、ダーウィンはマルサスの人口論や生存競争の考えにも影響された。ダーウィンは自分の見聞した自然界の様子や、当時の思想に影響されながらも、ある環境のもとではのぞましい形質が選択されて残り、のぞましくない形質は淘汰されていき、結果として新たな種が生まれる、という考えにたどりついた。彼が『種の起源』をあらわしたのは、1859年のことである。

進化論を主張したもう一人はA. ウォーラス（Wallace 1823－1913）である。彼はダーウィンと違って貧しい家庭に生まれ、大学教育を受ける機会にも恵まれなかった。しかし、博物学に強い興味をもち、1848年にアマゾン探検、1854年には東南アジア探検に参加して見聞を広めた。1855年には、新たな種は環境に影響されて誕生する、という考えを発表した。さらに、1858年には、競争と自然淘汰により種は進化する、という論文を発表した。ウォーラスはダーウィンとは独自に自然淘汰の考えにたどりついたのだが、彼が論文を発表した当時は、それほど学会の関心を引かなかった。

ダーウィンとウォーラスの自然淘汰の考えをまとめると次のようになる。

（1）　食料供給が増えるより、生物の繁殖する速度のほうが早い。

（2）　生存できる数より多くの子どもが生まれるので、生存競争が起こる。

（3）　すべての種は多様である。

（4）　自然環境が、多様な形質のなかからのぞましいものを決める。

（5）　のぞましい形質は、のぞましくない形質より生存に有利で、のぞましい形質をもつものは子どもを多く残すチャンスがある。

（6）　形質は次の世代に引き継がれる。

（7）　数世代を経た子孫は、先祖とは違った種になるかもしれない。

（8）　ガラパゴス諸島のフィンチのように地理的に隔離されると、異なる環境に適応し、異なる自然選択、自然淘汰がはたらいた結果、異なる種が生まれる。

しかし、ダーウィンもウォーラスも、自然淘汰はあらかじめ存在する形質にはたらくと考えたが、そもそも、なぜ、形質が多様なのかはわからなかった。また、当時は、子どもは両親の形質を半分ずつ受け継ぐと考えられていた。そうすると、子どもはつねに両親の中間形を示すことになり、のぞましい形質が次の世代に遺伝するメカニズムを説明できなかった。これを解決したのは、遺伝子分離の法則を発見したG. メンデル（Mendel　1822－1884）である。彼はエンドウ豆の交配実験を行い、その結果を1866年に発表した。しかし、今では「遺伝学の父」といわれるメンデルの研究も、その当時はあまり評価されなかった。

生物がある種から別の種へ進化するという考えは、神が創った完璧な自然界の秩序を乱すことになり、発表された当時はきびしい批判にさらされた。2000年現在にいたっても、キリスト教の影響が強い一部の地域では、進化論を教えていない学校もある。しかし、科学界では、化石の発見が増えるに従って、だんだんと受け入れられていったのである。

5　人類の起源に関する考え方―化石人骨の発見

19世紀、ヨーロッパの人びとの生活を支配していたキリスト教によると、自然界は神の意図による創作であり、その秩序は変化するものではなかった。人間やその他の動物や植物は創世時から今の姿であり、現代人以外の人間が存在するとは誰も考えていなかった。そのため、1829年にはベルギーで、1848年にはジブラルタルで化石人骨が見つかっていたが、その意義はまったく理解されていなかった。さらに1856年には、ドイツのデュッセルドルフ郊外、ネアンデルタール谷（Neander 図２）の石灰岩採掘場から化石人骨が見つかったが、この骨を見た当時の人びとは、ケルト人がやってくる前にこの地に住んでいた蛮族の骨と考えていた。しかし、1859年、C. ダーウィンが『種の起源』という本で「進化」という考えを発表したことで、化石は突然注目を浴びるようになる。

フランスの南西部にあるドルドーニュ地方では、1860年代からたくさんの石器が発見されており、考古学のメッカとなっていた。1868年には、クロマニヨン洞窟（Cro–Magnon）から現代人の化石が絶滅した動物の化石や石器とともに見つかった。20世紀に入って間もない1908年、ラ・シャペル・オ・サン（La Chapelle–aux–Saints）でネアンデルタールの化石が発見されたのを皮切りに、ル・ムスティエ（Le Moustier）、ラ・フェラシー（La Ferrassie）、ラ・キナ（La Quina）と完全な頭蓋骨の発見が相次いだ。

しかし、当時の人類学は未熟で、先史時代人への偏見も強かった。私たちと同じ顔かたちのクロマニヨン人はすぐにヒトとして認められたが、私たちと違うネアンデルタールは、現代人よりも脳が大きいのにもかかわらず、知性が劣っていて、きちんと歩けない原始人というレッテルを張られてしまった。この考えは当時の社会に広く受け入れられ、ネアンデルタールは長い間、科学的に正しく理解されることはなかったのである。

化石の発見はヨーロッパだけではなかった。遠く離れたジャワで

図2　1856年から1959年に化石が発見された遺跡

は1894年にE．デュボワ（Dubois）がピテカントロプス・エレクタス（今ではホモ・エレクタスとよぶ）の骨を発見した。これも発見当初はヒトの仲間としては認められなかった。しかし、中国の周口店で1927年から37年までの間に40個体以上のシナントロプス・ペキネンシス（今ではホモ・エレクタスとよぶ）が大量の石器といっしょに発見されるにいたり、ジャワの化石もヒトとして認められるようになったのである。

1924年にはR．ダート（Dart）が南アフリカのタウングズ（Taungs）からアウストラロピテクス・アフリカヌスの化石を発見した。これ

は子どもの化石だったせいもあり、やはり容易に受け入れられなかった。しかし、その後、R. ブルーム（Broom）が精力的に調査を行って、1936年にはステルクフォンテイン（Sterkfontein）から成人のアフリカヌスを発見し、さらに1938年、クロムドラーイ（Kromdraai）からパラントロプス・ロブスタスを発見した。1949年までにブルームが南アフリカから発見した化石人骨は30個体以上にものぼる。

当時は、ヒトは文化をもった生物であるという考えが強く、文化の証拠となる石器をともなわない化石は、なかなかヒトとして認められなかった。ジャワや南アフリカの化石が認められなかったのも、そのためである。しかし、東アフリカのオルドヴァイ渓谷（Olduvai Gorge）では、石器がたくさん発見されていた。1931年からオルドヴァイ渓谷で調査をつづけていたL. リーキー（Leakey）が、ジンジャントロプス・ボイセイ（今ではパラントロプス・ボイセイとよぶ）を発見したのは1959年のことである。この頃には化石の発見も蓄積されており、石器もたくさん見つかっていたジンジャントロプスは、すぐにヒトと認められたのである。

ダーウィンが『種の起源』を表した1859年から、1959年のジンジャントロプスの発見までの１世紀の間に、アウストラロピテクス、パラントロプス、ホモ・エレクタス、ネアンデルタール、クロマニヨンと、ヒトの仲間が次々と発見されていた。ダーウィンは進化の概念を世に示したが、化石の発見は、概念にすぎなかった「進化」に物的証拠を与えたのである。

6　人類の起源に関する考え方—分子生物学の登場

（1）　ラマピテクス論争

1932年、インドのシワリク丘陵で、1400万～800万年前の地層からラマピテクスが見つかった。短い鼻、平らな臼歯、小さな犬歯、厚いエナメル質とヒトに近い特徴があるので、ラマピテクスはヒトの仲間であると研究者は考えていた。1960年代までの人類学の教科書には、ヒトが類人猿と分岐したのはラマピテクスが出現する1400

万年以前と記してある。

ところが、1967年、V. サリッチ (Sarich) と A. ウィルソン (Wilson) が分子時計理論を発表して、人類の起源に挑戦したのである。分子時計理論はタンパク質の類似度を定量的に数字としてとらえ、種の分岐年代と結びつけたものだ。ヒトと類人猿のタンパク質の類似度にもとづいて計算すると、ヒトとチンパンジーの分岐は500万～400万年前、オランウータンの分岐は1100万～900万年前という説を主張したのである。

当時、ヒトの起源は1400万年以前と考えていた古人類学者にとって、500万年前という年代は新しすぎてとうてい受け入れられるものではなかった。しかし、1970年、C. ジョリー（Jolly）が分子時計理論を支持するような説を発表した。ラマピテクスの厚いエナメル質はゲラダヒヒにもあり、エナメル質は系統的関係を示すものではなく、堅い種子食への特殊化した適応を示すという考えを示したのである。系統が違う動物同士でも、同じ環境に住み、同じ食物を食べていると形が似てくることがある。血のつながりとは関係のない見かけ上の類似をアナロジーといい、系統による類似をホモロジーという。歯のエナメル質はホモロジーではなく、アナロジーであると主張したのである。

さらに1980年には、D. ピルビーム（Pilbeam）がパキスタンのポットワープラトー（Potwar　Plateau）でシバピテクスを発見した。このシバピテクスは、体の大きさが違うがラマピテクスの仲間であり、オランウータンの系統であるとピルビームは考えた。ここにいたって、ラマピテクスはヒトの系統からはずされて、オランウータンの仲間と位置づけられることになった。これ以後、ヒトと類人猿の分岐年代は新しいというサリッチとウィルソンの考えが一般的になり、ラマピテクス論争は決着したのである。

（2） 現代人の起源

分子生物学が人類学に影響を与えたのはヒト科の起源だけではない。1987年、カリフォルニア大学バークレー校の研究チームがミトコンドリアDNA分析にもとづいて、現代人の起源は20万〜15万年前にアフリカに生きていた女性に求められるという新説を発表したのである。

ミトコンドリアDNAは女性だけが継承する遺伝子である。この分析によると、（1）アフリカ人はもっとも遺伝子タイプが多様である、（2）遺伝子のバリエーションにもとづいて系統樹をコンピューターでつくると、アフリカ人だけのグループと非アフリカのすべての集団を含むグループの2つに大別できる、（3）各集団の分岐は、アフリカと非アフリカの分岐がもっとも早い、という。

この説が発表された当時、ヒトはハビリスからエレクタス、サピエンスへと一直線状に進化したと考えられていた。現代人は各地に住んでいた古代型サピエンスから進化したという多地域進化説が通説であった。しかし、DNA分析が主張するアフリカ単一起源説によると、現在の私たちはエレクタスや古代型サピエンスとは遺伝的に遠い存在である。アフリカの古代型サピエンスは現代人に進化したが、世界各地にいた古代型サピエンスは絶滅して、アフリカからやってきた現代人に入れ代わったというのである。

現代人のもつ遺伝子の分析は、現在の集団間の関係はたどれても、過去に生きていた集団との関係を示すことはできない。ところが、1997年、ミュンヘン大学の研究チームが、ネアンデルタールの化石からDNAを抽出するのに成功したと発表した。1856年に発見されたネアンデルタール谷の化石の上腕骨からDNAを取り出し、現代人とくらべたところ、両者に大きな差が出たという。ネアンデルタールと現代人の共通祖先は65万〜55万年前までさかのぼり、ネアンデルタールは現代人と混血せずに絶滅したというのである。

一方、多地域進化説を信奉する化石の研究者は多く、アジアの現代人はアジアのエレクタスの系統上にあると主張して譲らない。私たち現代人の起源論争は、ラマピテクス論争と違って、まだまだつづきそうな気配である。このように、私たちのもつ遺伝子情報をもとにした人類進化の研究は、今後ますます増えていくだろう。

7　年代の測定方法

ヒトの進化を研究する上で、遺跡や化石の年代を正しく測定することはとても重要である。年代測定にはさまざまな方法があるが、２つを比較して新旧を調べる相対的年代測定と、個別に絶対値をはかる絶対年代測定の２つに大別できる。

（1） 相対的年代測定

相対的年代測定の基本は層位学である。ごくふつうに堆積した地層では、上の層は下の層より新しい。しかし、どれくらい新しいのかはわからない。火山活動や造山活動で堆積層が褶曲したり断層したりするが、その場合、堆積状況を復元するのはむずかしくなる。

フッ素分析は、同じ場所で発見された骨に有効な方法である。骨が土中に埋没すると、フッ素を含む地下水にさらされてフッ素を取りこむ性質を利用する。同じ場所に埋没した骨は、同じ量のフッ素を含むことになる。この分析は、イギリスのピルトダウン（Piltdown）から1912年に見つかって話題になっていた化石の検証に使われた。その結果、頭蓋骨と下顎骨は別々の年代に属するもので、ピルトダウン人は、じつは現代人の頭蓋骨とオランウータンの下顎骨を組み合わせた詐欺だったことが判明したのである。

（2） 絶対年代測定

絶対年代測定法にはさまざまあるが、有効な試料や測定年代に違いがある。

①鮮新世から前期更新世（500万～78万年前）に有効な方法

カリウム・アルゴン法は、カリウムの放射性同位体 ^{40}K が一定の速度で ^{40}Ar に変わる性質を利用して年代を求める方法である。火山起源の岩石に有効で、500万～100万年前の年代幅の測定に適することから、火山地帯にある初期人類遺跡の年代を測るのにもっともよく使われる。東アフリカのオルドヴァイ渓谷やコービフォラでは、火山灰層の年代測定に活用されている。

カリウム・アルゴン法と原理はまったく同じだが、測定法が違うものにアルゴン・アルゴン法がある。速中性子を照射してカリウムの安定同位体 ^{39}K から ^{39}Ar を生成し、アルゴンを測定して年代を求めるのである。この方法はアファレンシスが出土したタンザニアのラエトリや、エレクタスが出土したジャワのサンギラン層の年代測定に使われている。

フィッショントラック法は、カリウム・アルゴン法による年代測定のクロスチェックに使われることが多い。ウラン ^{238}U が一定の速度でトリウム ^{234}Th に崩壊するときに、核分裂（フィッション）を起こして放射状の飛散痕（トラック）を残す性質を利用する。古い試料ほど、フィッショントラックの数が多くなるわけである。東アフリカのオルドヴァイ渓谷で火山パミスの年代測定に使われている。カリウム・アルゴン法より適用年代幅が広く、数千年前までの新しい年代を測定できる。

古地磁気年代測定は、地球の磁極が定期的に逆転する性質を利用する。現在の磁極は北を向いているが（正常期）、過去には南をさしていた時期もあった（逆転期）。340万～260万年前までは正常期（ガウス正常期）、260万～70万年前までは逆転期（松山逆転期）、70万年前～現在までは正常期（ブリュンヌ正常期）である。各期のなかでも、しばしば磁極がシフトする短い期間があり、これをイベントとよぶ。岩石は磁気性のある酸化鉄を含んでおり、岩石が形成された時代の地磁気が残っている。連続した地層の磁極を測って、逆転・正常を示すものさしをつくり、おおまかな年代をはじき出すのである。

酸素同位体法は、たえず変化してきた海水面の変化を読み取る方法である。海水の量が減ると、海水の塩分濃度は増加する。塩分濃度が増えると、酸素の同位体である酸素16（^{16}O）と酸素18（^{18}O）の比が増大する。その変化は、深海底に堆積した有孔虫の殻をつくる炭酸カルシウムのなかに、酸素同位体の比として記録されている。酸素同位体比は、気候の寒冷期と温暖期のサイクルを示すものさしであり、サイクルには酸素同位体段階１、段階２、と番号がつけられている。奇数番号は海面上昇期（温暖期）、偶数番号は海面低下期（寒冷期）にあたる。

②中期～後期更新世（78万～13万年前）に有効な方法

ウラン系列法は、カリウム・アルゴン法と炭素14年代法の適用年代のギャップを埋める年代測定法である。ウラン同位体の ^{238}U か ^{234}U が一定の速度でトリウム同位体 ^{230}Th に変わる性質を利用する。35万年から数千年前までの化石や火成岩の年代を測るのに有効である。

また、焼けた石器の年代を測るのには、電子の性質を利用したルミネッセンス法が有効である。物質をつくる元素はプラスの電荷をもつ原子核とマイナスの電荷をもつ電子からなっている。電子は原子核のまわりをペアになって回転・自転（スピン）している。ところが、大気中で宇宙線を浴びると、このペアの電子は引き離されてばらばらになり、時間とともにどんどん蓄積されていく。

物質を500度以上に加熱すると、蓄積された電子が発光して、ゼロになる性質がある。ルミネッセンス法では、加熱された経歴をもつ試料を再度加熱する。最初の加熱時と２度目の加熱時の間が長いほど、蓄積された電子が多いので、光は強くなる。この方法は、数十万から数千年前までの幅広い年代に適用でき、イスラエルのカフゼの年代を測定するのに使われている。

ルミネッセンス法と原理はまったく同じだが、測定法が違うものに電子スピン共鳴法がある。この方法では、磁石の間においた試料にマイクロ波をあてると、電子の量に応じたマイクロ波の吸収が起こるという性質を利用する。貝や鍾乳石、火山灰、歯などに有効で、歯を使う場合は、300万年から1000年程度の幅広い年代に適用できる。イスラエルのカフゼ、スフール、タブンの諸遺跡や南アフリカのクラシエリバーマウスやボーダー、インドネシアのガンドンなど、世界中の遺跡で使われている。

③後期更新世（13万～１万年前）に有効な方法

炭素14年代法は、もっとも有名な絶対年代測定法である。第２次世界大戦中、原子爆弾の開発にアメリカ政府が莫大な予算を投じたため放射線物質の研究が進み、1949年、W. リビー（Libby）が放射性炭素による年代測定法を考案してノーベル賞を受賞した。炭素の放射性同位体^{14}Cが5730年の半減期で崩壊する性質を利用して年代を測る。^{14}Cは大気中で宇宙線の放射によって生まれ、すべての生物に含まれるが、生物が死ぬと炭素の摂取が止まり、崩壊がはじまる。この方法は木炭や木片、貝殻、骨などの有機物に有効で、75000

〜1000年前の年代幅の測定に適する。1980年にはより進化したAMS法が考案され、微量のサンプルでも測定できるようになった。

絶対年代の測定値はあくまで統計値であり、1750000±200000のように表記される。これは、平均値が1750000で200000がプラスマイナス１標準偏差、という意味である。つまり、67%（１標準偏差）の確率でサンプルの年代が155万から195万年の間にある、ということだ。絶対年代の測定値は統計的に確率が高い値であって、それが正しい値というわけではない。したがって、なるべくたくさんのサンプルを異なる方法で測定し、確率を高めることが重要である。

8　人類進化の年代枠

絶対年代が測定できるようになった1950年代以降、化石の発見も蓄積して、人類進化の時間的な枠が明らかになってきた。ほ乳類の発生は6500万年前、新生代のはじまりに起源する。新生代には第３紀と第４紀がある。第３紀は暁新世（6500万〜5500万年前）、始新世（5500万〜3400万年前）、漸新世（3400万〜2300万年前）、中新世（2300万〜500万年前）、鮮新世（500万〜180万年前）の５つの時期からなる。第４紀は更新世（180万〜１万年前）と完新世（１万年前〜現在）の２つの時期からなる。

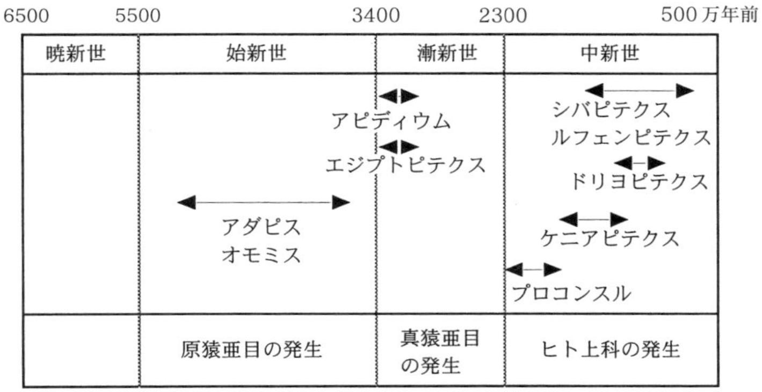

図３　霊長類の進化

（１）　霊長目の進化

霊長目の発生は、ほ乳類の発生する6500万年前、新生代のはじまりに起源すると長い間考えられてきた。暁新世に出現するプレジアダピスがもっとも初期の霊長類とされてきたが、全身骨格が発見されるにいたり、霊長類ではなく食虫類に分類されるようになった。今のところ、始新世に現れる原猿の祖先、アダピスとオモミスが最古の霊長類である（図３）。始新世の時代は大陸の位置が現在と違い、北アメリカとユーラシアは陸続きになっていた。化石は陸続きの大陸全土から見つかっており、原猿の祖先は繁栄していたらしい。

始新世から漸新世にかけて寒冷化が進んでいった（図４）。そのためか、霊長類の生息地域はがらりと変わる。北アメリカからは化石が消え、かわりに南アメリカやアフリカから化石が増えるのであ

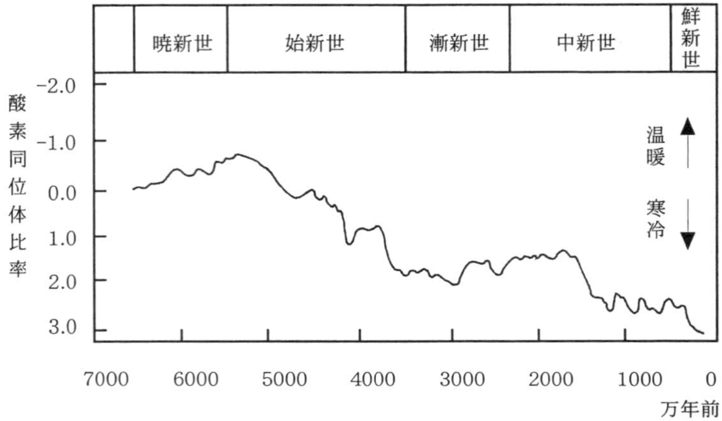

図 4　新生代の環境の変化（Price and Feinman 19972より修正）

る。漸新世は新たなグループ、真猿が出現した時代である。漸新世の霊長類化石が見つかっている遺跡でもっとも有名なのが、エジプトのファユームである。ここから、小さいアピディウム（体重 1 ～ 2 kg）と大きいエジプトピテクス（体重 6 ～ 7 kg）が出土している。エジプトピテクスは、類人猿と旧世界ザルの共通祖先かもしれない。

中新世になると類人猿系統と旧世界ザル系統がわかれて、類人猿系統が世界中で繁栄する。アフリカ、アジア、ヨーロッパと広い範囲でたくさん化石が見つかっているため、その系統的解釈がむずかしい。中新世の前期には中型の類人猿が、後期には大型の類人猿が現れるが、大部分は今生きている類人猿につながることなく絶滅した。

中新世前期の類人猿の代表は、アフリカのプロコンスル属である。

2300万〜1800万年前に生きていたプロコンスル属は多くの種がおり、体重も５kg から50kg とさまざまだった。中新世後期にはアフリカではケニアピテクス属（1800万〜1200万年前）が、ヨーロッパからはドリヨピテクス属（1300万〜1100万年前）が、アジアではシバピテクス属とルフェンピテクス属（1600万〜700万年前）がそれぞれ見つかっている。中新世類人猿のなかで系統がわかっているのは、オランウータンの仲間のシバピテクスだけである。

中新世前期には温暖な気候のもとで森林が広がっていたが、1200万〜500万年前の中新世後期になると、寒冷化、乾燥化が進んで、季節性がはっきりしてくる。中新世はヒト上科が爆発的に拡散、繁栄した時代だったが、次の鮮新世になるとそのほとんどが絶滅し、かわりに旧世界ザルが繁栄するようになる。ヒト科は衰退していくヒト上科から生まれたわけである。ヒト上科からヒト科への進化（ホミニゼーション）は中新世後期に起こったが、ホミニゼーション過渡期の化石は、まだ見つかっていない。

（２）　ヒト科の進化

ヒト科の進化に関係する地質年代は、鮮新世（500万〜180万年前）と更新世（180万〜１万年前）、完新世（１万年前〜現在）である。更新世はさらに前期（180万〜78万年前）、中期（78万〜13万年前）、後期（13万〜１万年前）の３つにわかれる（図５）。

また、本書で扱う時代は、考古学的には旧石器時代にあたる。旧石器時代は前期、中期、後期の３つにわかれる。前期旧石器時代は

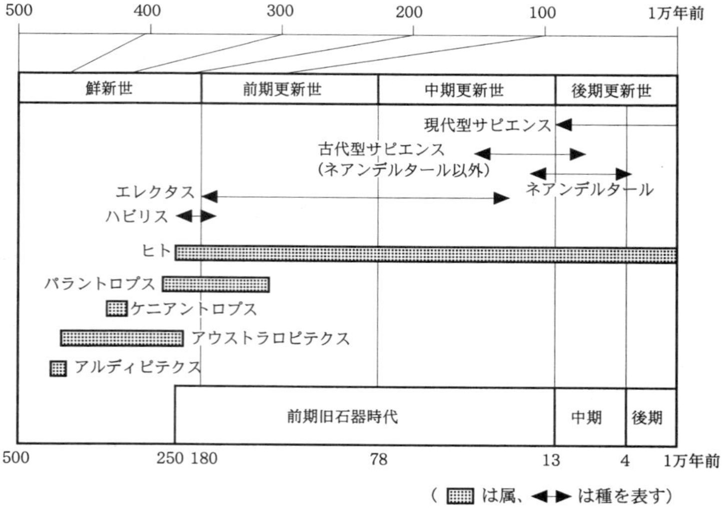

図5　ヒトの進化

250万〜13万年前と、鮮新世の中頃から中期更新世の終わりまでつづく。後期更新世にはいり、中期旧石器時代（13万〜４万年前）がはじまり、後期旧石器時代（４万〜１万年前）とつづく。この時代区分は、旧石器時代のもっとも重要な資料である石器のつくり方にもとづいて、おおまかに決めているが、文化の変遷は地域によってさまざまである。

ヒト科は鮮新世（500万〜180万年前）のアフリカに誕生する。最初のヒトはアウストラロピテクスなど、幾つかの属がいるが、中新世類人猿との系統的関係はわからない。240万年前にはアウストラロピテクス属は絶滅し、かわりにパラントロプス属とヒト属が出現する。もっとも、パラントロプス属はアウストラロピテクス属と同じと考える研究者もいる。また、この頃、石器をつくるようになって前期旧石器時代（250万～13万年前）がはじまる。最古の文化はオルドヴァイ文化とよぶ。

更新世（180万～１万年前）のはじまりと同時にホモ・エレクタスが出現する。彼らはアフリカ大陸を出てユーラシアに拡散したが、おもにアフリカとアジアで栄えた。100万年前にはパラントロプス属が絶滅して、以後はヒト属だけになる。アフリカではオルドヴァイ文化から、定型的な石核石器をつくるアシュール文化に移行する。しかし、文化の進化は地域によって違い、東アジアにはアシュール文化ではなく、チョッパー・チョッピングツール文化が広がっていた。

中期更新世には新たな種、古代型サピエンスが出現する。エレクタスと同じ地域に住んでいたものの、たくさん化石が見つかっているのは、エレクタスが少なかったヨーロッパである。最初はエレクタスの文化を継承していたが、やがて定型的な剥片石器をつくる中期旧石器文化（13万～４万年前）へ移行する。

後期更新世がはじまると同時に、アフリカに現代型サピエンスが誕生する。彼らが出現したと同じ頃、ヨーロッパでは古代型サピエンスの１集団であるネアンデルタールが栄えていた。現代型サピエンスは、はじめ古代型サピエンスの文化を継承していたが、４万年前に石刃を大量生産する後期旧石器文化（４万～１万年前）に移行する。新たな文化を身につけたサピエンスは、更新世の末期には極寒の高緯度地帯へ進出して新大陸にわたり、世界中に拡散した。後期更新世はヒトの解剖学的進化が完成し、文化が加速度を増して進化した時代である。

コラム

ピルトダウン事件

1911年、イギリス、サセックス州のピルトダウンという小さな村で、地元のアマチュア地理学者、C. ドーソン（1846－1916）が、人類化石らしき破片を見つけた。ドーソンはすぐにロンドンの自然史博物館の学芸員であるA. ウッドワード（1864－1944）に連絡し、翌年、2人はピルトダウンで発掘調査を始めた。この調査で、頭蓋骨や下顎の破片、歯、石器などが動物の骨とともに見つかった。ウッドワードは、頭蓋骨と下顎は同じ個体のものと考えて、この化石を新たな種、*Eoanthropus dawsoni*（ドーソンの原始人）と命名した。動物を見ると、後期鮮新世から前期更新世にかけて生きていた種だったので、ピルトダウンの化石もその時代に生きていた私たちの祖先だと考えられた。

しかし、発表直後から、頭蓋骨と下顎は同一の種ではない、まして同一個体ではない、と反論する研究者もいた。ヒトではない類人猿の化石である、との主張もあったが、後期鮮新世から前期更新世にかけて、ヨーロッパでは類人猿の化石がまったく発見されていなかった。したがって、当時のヨーロッパに類人猿は住んでいなかったとして、この反論は退けられてしまった。

ピルトダウン人は、大きい頭をした、サルのような顔の原始人だった。当時のイギリスの人類学会の権威であったE. スミス（1871

－1937）は、私たちと他の霊長類との違いは頭の大きさにあると考えていた。私たちを人間たらしめるものは発達した脳、という考えが人類学の定説であり、学会のみならず、社会一般の人類進化に対する常識だったのである。ピルトダウン人は、私たちの祖先としてまさにぴったりの化石であった。

当時は、デュボワによるジャワのピテカントロプスの発見にはじまり、ヨーロッパ各地でネアンデルタールの化石が次々と発見されていた。しかし、「人間とは賢い生物」といった考えをもっていた研究者たちは、この発見を否定しつづけていた。たとえば、1924年に、ダートの発見したアウストラロピテクス・アフリカヌスは、顔と歯の特徴はヒトらしいのだが、頭は小さくてサルのようだった。ヒトとしていちばんたいせつな要素である頭が小さいのだから、ヒトの祖先とは認められなかったわけである。

しかし、その一方で、周口店ではピテカントロプスにそっくりなシナントロプスが、文化の証拠である大量の石器とともに発見されていた。人類学の権威であったスミスが亡くなった後、スミスの主張した脳の発達を重要視する説もだんだんと疑問視されるようになっていった。

1948年、K. オークリー（1911－1981）が、さらに1953年に J. ワイナー（1915－1982）がフッ素年代測定法を使って、ピルトダウンの化石を調べた。その結果、頭蓋骨と下顎ではフッ素含有量が異なり、頭が顎より年代が古いことがわかった。また、1959年には炭素14年代測定法を使って、やはり同一個体ではないことが証明された。さらに、化石を化学的に分析したところ、骨には古く見えるようなしみがつけられており、歯には人為的な摩擦痕があった。免疫学的方法で調べたところ、なんと下顎と歯はオランウータンのものだった。ピルトダウン人は、意図的に細工された偽物だったのである。

いったい誰が、何の目的で仕組んだのか。ピルトダウン事件の犯人探しは、学会のみならず、一般の人びとの興味を駆り立てる。化石の発見者であるドーソンが詐欺に関与していることは間違いないが、解剖学的知識のない彼が骨や歯に細工するのはむずかしい。自分の学説を証明するために、スミスが仕組んだのだろうか。小説家として高名なA．ドイル（1849－1936）が関係している、という説さえある。おもしろいことに、ピルトダウンと同じ方法で細工された骨がロンドンの自然史博物館で見つかっている。この骨をもっていた元学芸員は同僚のウッドワードを快く思っておらず、ウッドワードを陥れるために細工したのではないか、との見方もある。

ピルトダウンの化石が偽物であることがわかってからというもの、脳の発達という観点だけで人類進化を考えることはなくなった。その結果、世界各地で発見されていた頭の小さい化石たちも、私たちの祖先として受け入れられるようになっていった。

ピルトダウン事件は、人類学史における汚点であるが、とても重要な事件でもある。この事件は、学会の定説というものは、時として権威者の思い込みにしかすぎない、ということを証明してくれた。権威者の説にあう偽物（ピルトダウン人）は40年間にわたって支持され、あわない証拠（アフリカヌスなど）は否定されてきたのである。科学の発展のためには、定説を疑うことが重要であることを教えてくれる。

データのねつ造はあってはならないことだが、じつは世界中でくり返されている。多くの場合、社会全体の興味をひくことはないが、実験データや現地調査のデータのねつ造など、しばしば耳にするのである。80年代のアメリカでは、実際には訪れていない土地の民俗誌を発表してしまったカスタネダ事件が有名だし、日本では、最古の石器をねつ造した上高森事件が起こったばかりである。20世紀初頭のイギリスで起こった事件は、21世紀の日本に住む私たちにも無縁ではない。

第2章　最初の人類（500万－250万年前）

1000万年前、地球の火山活動が活発になり、東アフリカのモザンビークからエチオピアを縦断する大地溝帯（リフトバレー）が形成される。アフリカの大地は二分されて、リフトバレーの西側には森林が、東側には乾燥したサバンナ草原が広がるようになる。西側の森林地帯に住んでいた霊長類はチンパンジーなどの類人猿へ、東側に住んでいた霊長類は、森林からサバンナ草原へと環境の変化にともなってヒトへと進化した、と考えられている。分子生物学でも、ヒトと類人猿は1000万～500万年前の中新世後期に分岐した、というのが定説である。しかし、この1000万～500万年前という人類進化にとって重要な期間の化石は乏しく、ヒトの誕生を詳しく伝えてくれる証拠はまだ発見されていない。この空白の期間をミッシング・リンクとよんでいる。

あたりまえのようだが、骨は腐敗して残らないものである。化石が発見されるには、まず骨が化石化しなければならない。そして、1000万～500万年前の化石が発見されるには、その年代の地層が地上に露出していなければならない。このような地質的条件がそろった場所は世界でも限られており、パキスタンのポットワープラトー、南アフリカの石灰岩地帯、東アフリカの大地溝帯（リフトバレー）がその代表である。

最初のヒトは、約500万年前の東アフリカに出現するアウストラロピテクスである。彼らは、チンパンジーと同じ位の身体と頭をしていたが、チンパンジーと明らかに違い、直立二足歩行をしていた。彼らは500万から250万年前のアフリカに生き（図６）、数種の仲間がいた。彼らの存在が明らかになったのは、1920年代のことである。

1　発見の歴史

（1）　南アフリカ

南アフリカのトランスヴァール地方は、石灰の採掘が盛んに行われる有名な石灰岩地帯である。ヨハネスブルグの大学で解剖学を教えていたR. ダート（Dart 1893－1988）は1924年、学生の１人がもち込んだタウングズ（Taungs）という採掘場からでた動物化石のなかに、不思議な頭蓋骨を見つけた。３～４歳の子どもで、一見してヒヒのようだが、ヒヒにあるはずの眼窩上隆起がなく、犬歯も小さく、頭と脊椎を結ぶ大後頭孔が頭蓋骨の真下にあって直立姿勢を示していた。ダートは、この化石が「ミッシング・リンク」を埋める生物と考えて、翌年ネイチャー誌にアウストラロピテクス・アフリカヌス（南のサル）として発表した。

しかし、ダートの発見はすぐには受け入れられなかった。当時の人類学では、頭が大きいのがヒトの特徴と考えられていたので、ヒ

図６　アウストラロピテクスの遺跡（＊はパラントロプスが出土した遺跡）

ヒのような小さな頭のアフリカヌスは、ヒトの仲間として認められなかったのである。しかし南アフリカで化石の収集をしていたスコットランド人医師のR. ブルーム（Broom 1866－1951）はダートとアフリカヌスを熱烈に支持し、のちにトランスヴァール博物館の学芸員になって精力的に調査をつづけた。

1936年、ブルームはステルクフォンテイン（Sterkfontein）から成人のアフリカヌスの頭蓋骨を発見し、さらに1938年、クロムドラーイ（Kromdraai）から大きな臼歯と頑丈な顎をもつ頭蓋骨を発見してこれをパラントロプス・ロブスタスと命名した。また、ステルクフォンテインの近くのスワルトクランス（Swartkrans）からも頑丈なタイプの化石を、1947年にはふたたびステルクフォンテインからほぼ完全なアフリカヌスの頭蓋骨を発見した。ダートも20年ぶりに復帰して、1947年にはマカパンスガット（Makapansgat）を発掘した。1949年までにブルームの発見した化石人骨は30個体以上にものぼる。

資料数が増えるにしたがい、南アフリカの化石人骨には華奢なアフリカヌスと頑丈なロブスタスという異なる２つのタイプがあること、華奢なアフリカヌスは頑丈なロブスタスより古い時代に生きていたことなどがわかってきた。南アフリカの化石の分類には、２つの異なる考えがある。華奢な化石と頑丈な化石を同じアウストラロピテクス属とする考えと、華奢なアウストラロピテクス属と頑丈なパラントロプス属に２分する説である。

（2） 東アフリカ

南アフリカでダートやブルームがトランスヴァールの石灰岩地帯で調査に勤しんでいたのと時をほぼ同じくして、東アフリカではL.リーキー（Leakey 1903－1972）がメアリ夫人（1913－1996）とともに、1931年からタンザニアのオルドヴァイ渓谷 （Olduvai Gorge）で発掘調査をつづけていた。採掘現場で交通の便のよい南アフリカの遺跡と違い、人里離れたオルドヴァイ渓谷はアクセスが困難で、発掘調査は年に数週間にかぎられていた。しかし、調査開始から28

年後の1959年、ついに夫妻は石器や動物の骨といっしょに頭蓋骨を発見したのである。

この化石は南アフリカで発見されていたパラントロプス・ロブスタスよりさらに大きな臼歯と頑丈な顎をもっていたので、リーキーはロブスタスとは別のグループと考え、ジンジャントロプス・ボイセイと名付けた。現在では、このジンジャントロプスはロブスタスの仲間として、パラントロプス・ボイセイ（もしくはアウストラロピテクス・ボイセイ）とよばれている。東アフリカでは火山灰を使ったカリウム・アルゴン法で年代測定ができるので、ボイセイは175万年前に生きていたことがわかった。

オルドヴァイ渓谷からの発見はさらにつづく。リーキーの息子のジョナサンが、ボイセイと同じ地層から新たな頭蓋骨を見つけてきた。この化石は頑丈なボイセイとはまったく違って、南アフリカのアフリカヌスよりも華奢なつくりをしていたので、リーキーは別の種のヒトと考え、1964年、ホモ・ハビリス（能力のあるヒト）として発表した。ハビリスはボイセイと同じ時代に生きていたが、もっと私たちに近く、オルドヴァイ渓谷からたくさん出ている石器の製作者だったとリーキーは考えた。

リーキーのもうひとりの息子、リチャードも G. アイザック（Isaac 1937－1985）とともに1969年からケニア北部にあるツルカナ湖の東側で調査を開始した。コービフォラ（Koobi Fora）とよばれるこの地域からはオルドヴァイ渓谷と同じようにたくさんの化石や石器が発見され、今でも調査がつづけられている。200万～130万年前の地層から発見されたボイセイは100個体以上にのぼる。

70年代にはいって東アフリカでは重要な発見が相次いだ。1974年、エチオピアのハダール（Hadar）で調査をしていたD．ジョハンソン（Johanson）が全身骨格の約40％を残す貴重な化石を発見したのである。南アフリカのアフリカヌスより原始的だが、明らかに直立歩行をしており、アウストラロピテクス・アファレンシスと命名された。「ルーシー」という通称で世界的に有名になったこの化石は、330万年前に生きていた、身長110cm、体重30kgの小柄な女性だった。翌年にはさらに13個体のアファレンシスが発見され、この１群は「最初の家族」とよばれている。

ハダールでジョハンソンがアファレンシスを発見したのと同じ年、メアリ・リーキーもオルドヴァイ渓谷に近いラエトリ（Laetoli）で、370万年前の地層からアファレンシスの化石を見つけていた。さらにこの遺跡からは動物の足跡に混じって、アファレンシスが残したと思われる足跡が45mにわたって見つかっている。

（３） 最近の発見

1925年、ダートによるアウストラロピテクス・アフリカヌスの発見で幕をあけたヒトの起源を探す試みはその後、ブルームによるパラントロプス・ロブスタスの発見（1938年）、リーキーによるジンジャントロプス・ボイセイの発見（1959年）、ホモ・ハビリスの発見（1964年）、ジョハンソンによるアウストラロピテクス・アファレンシスの発見（1974年）にいたるまで順調に進展してきた。さらに90年代にはいって人類学の教科書を書き変えるような発見が怒濤のように相次いでいる。

1992年、アメリカ、日本、エチオピアの調査隊が、エチオピアのアラミス（Aramis）で新たな化石を発見した。440万年前の地層から発見された化石は、アルディピテクス・ラミダスと名付けられた。歯のエナメル質は薄くチンパンジーのようだが、大後頭孔の位置は他のアウストラロピテクスと同じく前に出ており、類人猿とアファレンシスの中間のようである。ラミダスがはたしてヒト科に属するのかどうか、研究者の間でも意見がわかれている。

1995年には、ケニア国立博物館のミーブ・リーキーらが、ケニア北部のカナポイ（Knapoi）とアリア湾（Allia Bay）から発掘した新たな種を発表した。アウストラロピテクス・アナメンシスと名付けられた化石は420万～390万年前の地層から発見されたもので、頸骨の形から直立二足歩行をしていたことがわかる。ハダールとラエトリから発見されているアファレンシスより時代が古いので、アファレンシスの祖先かもしれないと発見者は考えている。

また、同じ1995年にはフランスのチームが、チャドのバルエルガザル（Bahr–el–Ghazal）からアウストラロピテクスを発見した。350万～300万年前の下顎骨で、アファレンシスと考えられている。1925年以来、アウストラロピテクスは南アフリカと東アフリカのみで確認されていたが、バルエルガザルでの発見により、アフリカ全土に住んでいたことがわかったのである。

1999年にはエチオピアのボウリ（Bouri）から、さらに新種の化

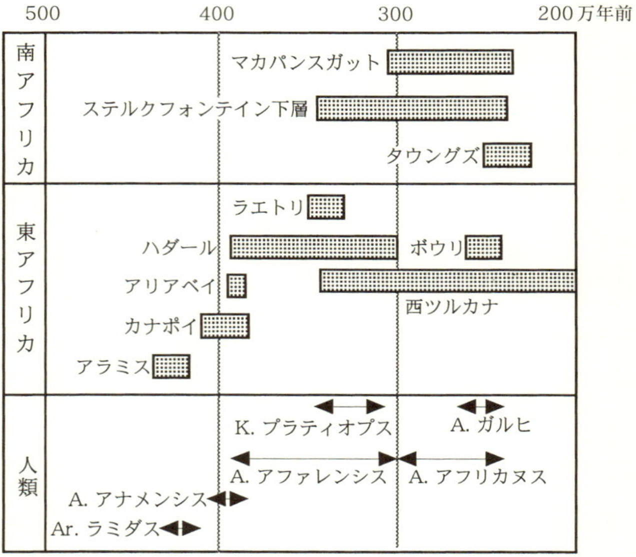

Ar：アルディピテクス　A：アウストラロピテクス
K：ケニアントロプス

図７　初期人類遺跡の年代（500万～250万年前）

石が見つかった。アウストラロピテクス・ガルヒと名付けられた化石は250万年前のもので、300万年前に絶えてしまうアファレンシスから240万年前に出現するホモへ進化する途中にあるヒトと発見者は考えている。

さらに、2000年12月、フランスのチームが、ケニアのバリンゴ（Baringo）の600万年前の地層から、人類化石を発見したとの新聞報道があった。学名もまだついておらず、詳しいことは正式な報告を待たなければならないが、通称「ミレニアム・マン」とよばれるこの化石は、世界最古の人類化石となるかもしれない。

人類化石の発見はさらに続く。2001年３月にはケニア国立博物館のチームが、ケニアの西ツルカナ（West Turkana）で350〜330万年前の地層から発掘した新種を発表した。ケニアントロプス・プラティオプス（平らな顔をしたケニアのヒト）と名付けられた化石は、アウストラロピテクス・アファレンシスと同時代に生きていたが、よりホモに近いと発見者は考えている。

このように、ヒトの起源に関する資料は次々と蓄積されつつある。2001年３月現在で正式に報告されている最初のヒトの仲間は次の通りである（図７）。

440万年前　アルディピテクス・ラミダス（東アフリカ）

420－390万年前　アウストラロピテクス・アナメンシス（東アフリカ）

390－300万年前　アウストラロピテクス・アファレンシス（東・中央アフリカ）

350－330万年前　ケニアントロプス・プラティオプス（東アフリカ）

300－250万年前　アウストラロピテクス・アフリカヌス（南アフリカ）

250万年前　アウストラロピテクス・ガルヒ（東アフリカ）

彼らは、身長約130cm、体重30〜40kg、脳容量450cc 以下と、チンパンジーと同じ大きさの身体と頭をしていたが、チンパンジーと明らかに違い、直立二足歩行をしていた（表１）。

表1　初期人類（500万～250万年前）の脳容量と体格

	年代（万年前）	脳容量レンジ（㎤）	脳容量平均（㎤）	体重 男性／女性（kg）	身長 男性／女性（㎝）
アルディピテクス	440	不明	不明	不明	不明
A. アナメンシス	420―390	不明	不明	不明	不明
A. アファレンシス	390―300	不明	420	45／29	151／105
A. アフリカヌス	300―250	405―500	445	41／30	138／115
A. ガルヒ	250	不明	不明	不明	不明

（McHenry 1994より修正）

ヒトの起源を探して研究者たちは今もアフリカ各地で調査をつづけている。彼らの努力によって近い将来にまた新たな種が発見されても不思議ではないし、やがてミッシング・リンクが埋められてヒトの誕生を詳しく語れる日がくるかもしれない。

2　アウストラロピテクスのロコモーション

霊長類は、腕で木にぶら下がって移動したり、4本足で歩いたり、指の背側を地面につけてナックルウォーキングをしたり、ジャンプしたりしながら場所を移動する。この移動の仕方をロコモーションという。最初のヒトであるアウストラロピテクスの最大の特徴は、直立二足歩行というロコモーションである。

（1）　二足歩行と身体の構造

最初のヒトであるアウストラロピテクスは、チンパンジーと同じくらいの小さな頭と身体をしていたが、常時直立して二足歩行をしていた。ヒトの二足歩行は、チンパンジーの四足歩行とは身体の構造が異なっている。まず、直立姿勢をとるために、頭蓋骨と脊椎を結ぶ大後頭孔が頭の真下にくる。さらに、バランスをとるために脊椎がＳ字形に曲線を描き、 腰骨は身体を支えるように横に広がる。足が長くなり、足が身体の真下にくるように大腿骨がやや内側に曲がって伸びている。体重を支えるように足のつま先は大きくなり、土踏まずができる。

（２）　樹上適応と地上適応

アファレンシスの二足歩行は現代人とは違い、すこし足を引きずるように歩いていたらしい。また、四肢の機能やプロポーションも現代人と違っていた。腕が足にくらべて長く、足の親指で物を把握できたので、木に登ったり、ぶら下がったりするのに適していた。ヒトと類人猿の共通祖先は森林地帯に住んでいたので、アファレンシスには共通祖先の森林適応が残っているらしい。

地上でも樹上でも生活できるということは、アファレンシスにとっていろいろな利益があったに違いない。まず、地上を歩いて地下や地上にある食物を探せたし、木に登って高いところにある果実も取ることができた。また、地上にはチーターやライオンなどの危険な捕食者がいるが、木に登って高い安全な場所に避難することもできた。サバンナに住むヒヒは地上生活に適応しており、昼は地上で餌を探しまわっている。しかし、夜になると樹上の安全な場所で眠ることが知られている。アファレンシスもヒヒのように暮らしていたかもしれない。

アウストラロピテクスの発見された遺跡は、今では人が住めないほど暑さと乾燥がきびしい場所で、森は付近に見当たらない。しかしアウストラロピテクスの生きていた時代の古環境を花粉分析や同位体分析で復元すると、河川や湖などの近くで、サバンナにあっても木々が生い茂っているような場所だったらしい。したがって、アファレンシスはサバンナと森林という異なる2つの環境にうまく適応していたのだろう。

（3） 二足歩行の利点

ヒトが直立二足歩行をするようになったのは、森林からサバンナへという環境の変化に適応したためと考えられている。しかし、ヒヒはサバンナに住んでいるが、しばしば直立姿勢を取るものの、移動するときは四足歩行である。直立姿勢、二足歩行で移動するのはヒトだけだ。いったいなぜ二足歩行をするようになったのか、四足歩行とくらべて二足歩行の利点は何か、さまざまな説が考えられてきた。

もっとも昔からある説は、二足歩行をすると手が自由になり、道具製作ができて文化が発達する、というものだ。私たちと類人猿との違いは、私たちが大きな頭をもっていることで、頭脳の発達は道具製作に関係すると昔から信じられてきた。ところが、アファレンシスの発見のおかげで、脳が発達する数百万年も前から二足歩行がはじまっていたことがわかった。また、チンパンジーもいろいろな道具をつくること、その一方で、アウストラロピテクスがチンパンジー以上に道具を製作していたという証拠がないこともわかってきた。どうやら二足歩行は道具の製作や脳の発達に直接結びつくわけではないらしい。

しかし、二足歩行をすると手が自由になるのは確かである。その結果としてものを運搬できるようになるという利点がある。食物を見つけたときにその場で食べるのではなく、捕食者のいない安全な場所まで食物を運搬できる。これは捕食者リスク回避といって、生存戦略として重要な利点である。

また、二足歩行の利点をエネルギー効率から説明しようとする試みもある。二足歩行は四足歩行にくらべて酸素消費量が少なく、長距離歩行に適している。これは、食物を広く探して歩き回るには有利なロコモーションだった。ただし、二足走行は四足走行よりスピードがなく、酸素消費量も多い。チーターのように早いスピードで獲物を追いかけて倒すことはできないし、追いかけられたら逃げられない。私たちはランナーとしては優秀ではないらしい。

直立姿勢は体温調節に有利だとする説もある。腰を折り曲げる姿勢にくらべて、太陽光線にさらされる面積が少ないので熱を蓄積しないですむ。また、地上と身体の距離が離れているので地面からの反射熱にさらされることもないし、空気に触れる面積が多いので熱放散をうながす。熱帯地方で生まれたヒトにとって、体温調節は生きていくのに重要な適応だったかもしれない。

3　アウストラロピテクスの食生活

（1）　食物の基礎

体を維持するのに最低限必要なエネルギーを基礎代謝量という。基礎代謝量は、種に固有の基礎代謝率に体重をかけて求める。体の大きな種は、小さな種にくらべて基礎代謝量は多くなるが、体重あたりの基礎代謝率は低い傾向がある。

私たちが生きていくには、エネルギーの素となる炭水化物、タンパク質、脂肪と、代謝を助けるビタミンやミネラルが必要だ。現在の私たちの食生活は、栽培作物を主食としているので、炭水化物の占める割合が大きい。しかし、農耕がはじまる以前に狩猟採集生活をしていたヒトにとって、エネルギーの素として重要なのは、タンパク質と脂肪であった。

これらの栄養素を私たちは動物性食品と植物性食品の両方から得ている。私たちが食物を手に入れるにはスーパーへ行けばよいが、アウストラロピテクスは自分で食物を探し回らなければならない。アウストラロピテクスが何を食べていたのか考える上で重要な要素は、食物のエネルギー(カロリー)、栄養素、消化性と分布である。理想的な食物とは、基礎代謝量を満たすもの、栄養素をバランスよく含むもの、消化しやすいもの、いつでも、どこでも手にはいるものである。

（２）　霊長類の食生活

森林に住む霊長類の食物は昆虫、果実、葉の３つに大きく分けられる。昆虫はカロリー、タンパク質、ともに多いが、絶対量が少ないので昆虫を主食にできるのは体重500g 以下の霊長類にかぎられる。

500g 以上の霊長類には果実食と葉食の選択肢がある。たとえば、チンパンジーはおもに果実を食べている。果実はカロリーは高いがタンパク質が少ない。また、実のなる木がある場所や実のなる時期が決まっている。果実がいつ、どこに実るかを覚えなければならないので、記憶力（メンタルマップ）が発達する。果実の分布が限られているので移動する範囲（ホームレンジ）が広く、手に入る量も限られているので人口密度は低くなる。

ゴリラはチンパンジーのように果実を食べるが、果実がなければ葉を食べる。葉はタンパク質が多いものの、カロリーが少ないのでたくさん摂取しなければならない。繊維質が多くて消化性が悪いので、消化時間が長く、たくさん消化するには特殊化した消化器官も必要だ。しかし、いつでも、どこにでもあるので探し求めて移動する必要がない。

このように、霊長類には、基礎代謝量を満たし、栄養バランスがよく、消化しやすく、いつでも、どこでも手にはいる理想の食物などというものはないことがわかる。しかし、彼らは食物を手に入れるためのコストとリターンのバランスをうまく取るような生活をしている。食物を手に入れるためのコストには、（１）食物を見つけるまでの時間と労力、（２）堅い殻を割る、繊維質を噛み砕くなど、食べられるようにする時間と労力、（３）消化吸収する時間、がある。リターンとは食物から得られるカロリーと栄養素のことである。チンパンジーは広い範囲を探して（高コスト）果実（高リターン）を得ようとするし、ゴリラはあまり動かず（低コスト）、消化のよくない葉をたくさん食べる（低リターン）。これを、最適採食戦略（Optimal Forageing Strategy）という。

（３） アウストラロピテクスの食生活

体重30kg のアウストラロピテクスは昆虫食者ではありえないので、果実食者か葉食者だったに違いない。二足歩行は四足歩行にくらべて広い範囲の遊動に適しているので、果実を広く探し求めることができたはずである。しかし、果実はタンパク質が少ないので、他の食物で補足しなければならない。

チンパンジーの住む森林にくらべて、アウストラロピテクスが住んでいたサバンナは、果実のなる木が少なく、そのかわり動物が多い。動物の肉はタンパク質に富むので、肉を食べていたかもしれない。おそらく、アウストラロピテクスはゴリラ的な葉食者というよりもチンパンジー的な果実食者に近く、チンパンジーよりも肉を多く食べていただろう。森のなかで果実を探したり、サバンナで動物を捕まえて食べたりしていたに違いない。

しかし、彼らが動物を積極的に狩猟するハンターだったかどうか、今のところわからない。南アフリカや東アフリカの遺跡では、アウストラロピテクスの化石とともに多くの動物の骨が残っているが、その動物がアウストラロピテクスが狩猟した獲物だったという証拠がないのである。それどころか、スワルトクランスから見つかったアウストラロピテクスの頭蓋骨にはレオパードの犬歯でつけられた傷痕があり、アウストラロピテクスの方が獲物だった可能性さえある。肉を食べていたといっても、弱っている動物を倒したり、自然死した動物をあさるスカベンジャーだったのかもしれない。

動物の肉を切り裂くには、鋭い牙が必要である。牙がなければ、鋭利な道具が必要だ。しかし、今のところ、アウストラロピテクスが石器といっしょに発見された例はひとつもない。牙もなく、石器も使っていなかった彼らは、動物を積極的に狩るハンターではなかったと考えられる。

4　アウストラロピテクスの道具使用

人類学では長い間、道具をつくるのがヒトであると考えられてきた。しかし、アウストラロピテクスが石器といっしょに発見された例はない。もちろん、石器だけが道具ではない。最古のヒトであるアウストラロピテクスは、石器以外の道具を使っていたのだろうか。

ダートは南アフリカのマカパンスガットから大量に出土した動物の骨を見て、アフリカヌスが動物の骨を集めて道具として使っていたとする骨歯牙器文化を主張した。しかし、マカパンスガットの骨には肉食獣やげっ歯類が噛みついたような痕がたくさんついている。どうやらマカパンスガットの動物の骨は、アフリカヌスではなく他の動物が集めたものらしい。

しかし、チンパンジーでさえ道具は使うのだ。木の枝を使って蟻を釣ったり、石をハンマーや台石に使って堅い木の実を割ったりする。アウストラロピテクスが掘り棒などを使って根菜類を掘りだしていたことは十分に考えられる。

ただし、木は腐敗して残らない。また、仮に遺跡から出てきたとしても、加工しないで使っていたとしたら、はたしてそれが道具かどうか判断できないという問題がある。道具と認定できるのは、加工されて腐らずに残るもの、つまり石器である。残念ながら、今のところ、アウストラロピテクスがチンパンジー以上の道具使用をしていた証拠はないのである。

ところが、最近エチオピアの遺跡から、アウストラロピテクス・ガルヒの化石といっしょに、石器でつけたような切り痕がはっきりと残る動物の骨が見つかった。石器そのものはまだ見つかっていないが、ヒトの石器使用が250万年前のガルヒからはじまる可能性もある。

5　アウストラロピテクスの社会

（1）　類人猿の社会

私たち人間は、極北地帯であろうと熱帯雨林であろうと、住む環境にかかわらず家族をもち、集団社会の一員として暮らしている。

しかし、私たちの遠い親戚である類人猿の社会は、じつにさまざまである。東南アジアの森に住むテナガザルは、枝にぶら下がって木から木へ移動し、果実を捜しまわる高コスト高リターン採食に適応している類人猿である。彼らは、父親と母親と子どもの３人で暮らす核家族型社会をもち、縄張り（テリトリー）を築くことが知られている。同じく東南アジアに住むオランウータンは、やはりブラキエーションで果実を捜しまわる高コスト高リターン採食に適応している。彼らは、母親が子どもといっしょに暮らす以外は単独生活を送っている。

アフリカの類人猿、ゴリラは果実食者だが、果実がないときは葉を食べる低コスト低リターン採食に適応している。シルバーバックとよばれるオスと複数のメス、格下のオスが固定した多雄多雌集団をつくる。私たちにいちばん近いチンパンジーは、果実を捜しまわる高コスト高リターン採食に適応している。多雄多雌集団をつくるが、ゴリラと違ってメンバーは流動的で、フィッション・フュージョン（離合集散）社会である。

（２）　集団生活の利点

集団生活には単独生活にくらべてさまざまなメリットがある。いちばんのメリットは、分布のかぎられた食物に適応している場合、食物を得やすいということだ。皆で探せば、食物を見つけやすいし、血縁関係にあるメスや子どもが集まり、他の集団に食物を取られないように防衛することもできる。食物は集団生活にとても重要な要素であり、グループサイズは食物の分布に規制されている。いつでもどこでも得られるが量の少ない食物を食べる動物は小さいグループで暮らし、分布は偏るがたくさんある食物を食べる動物は大きなグループで暮らす傾向にある。

危険な捕食者から身を守るときにも集団生活は有利である。集団でいると敵に見つかりやすいが、その一方、誰かが見張っていれば自分が気がつかなくても危険が回避できる。いよいよ敵が迫ってきたら、皆で力をあわせて防衛することもできる。

また、集団で暮らしていれば配偶者が簡単に見つかる。そもそもメスは繁殖期が限られているし、オスは繁殖期のメスを確保するチャンスが限られている。オスにとっては繁殖期のメスを簡単に見つけられるし、メスにとっては他のメスが育児に協力してくれるので、集団生活は繁殖の成功率を高めるのである。

このように、集団生活にはさまざまな利点があるが、その一方で単独生活にもよいことはある。一人で暮していれば伝染病にかかる危険も少ないし、他の集団メンバーとわずらわしい競争をしなくてすむ。グループ内で食物を分配する必要がないし、配偶者を巡る競争もない。ただし、単独生活を送っていては社会性の発達する余地がないので、私たちの祖先は集団生活者だったに違いないのである。

（3） アウストラロピテクスの社会

アウストラロピテクスも単独生活者ではなく、集団生活を送っていたはずである。しかし、化石人類の社会は見えないので、わずかな手がかりを基に想像することにする。オスとメスの体格の違いを性的二型というが、霊長類の社会では性的二型と社会構造は密接に関連している。テナガザルのような核家族型社会は、オスとメスが同じ大きさをしており、性的二型がない。一方、ゴリラのような単雄に近い多雄多雌社会では際立った性的二型があり、オスはメスよりとても大きくなる。チンパンジーのような多雄多雌社会はテナガザルとゴリラの中間になる。

アウストラロピテクス・アファレンシスには大きいのと小さいのがいた。ルーシーは小さい方で、身長約１m、体重30kg 以下だが、大きい方は身長約1.5m、体重45kg にもなる。アファレンシスは１種と考えると、ゴリラより性的二型が強いことになり、単雄多雌のハーレム型社会に暮らしていたことになってしまう。ヒトの進化は性差を少なくする方向に進んでいくので、大きいアファレンシスと小さいアファレンシスは別々の種にわかれるのではないかという意見も根強い。

その他のアウストラロピテクスのうち、性的二型を判断する資料があるのはアフリカヌスだけである。アフリカヌスの性的二型は少ないので、多雄多雌社会で生活していたらしい。もっとも、類人猿の社会にはどれひとつとして同じものはない。アウストラロピテクスが暮らしていた集団は、私たちのようにメンバーが固定化していたのか、それともチンパンジーのように流動的だったのかどうか、確かめるすべはないのだ。

コラム

チンパンジーの道具使用

人間とは道具をつくる動物（Man the tool maker）という考えは、人類学者に長い間支持されてきた。道具は文化を象徴しており、文化は私たち人間とその他の動物を区別するものだ、と考えてきたのである。しかし、ヒト以外の霊長類についての研究が進むにつれて、私たちと彼らの境界線は、思っていたほどはっきりとしないことがわかってきた。とくに、チンパンジーの道具使用の事実は、人類学者に強い衝撃を与えた。

チンパンジーの道具使用でもっとも有名なのは「アリ釣り」である。東アフリカに住むチンパンジーのある集団は、アリ塚の穴に木の枝をさしこんでアリを釣る。小さくて捕まえにくいアリを一度にたくさん捕るにはとてもよい方法だ。釣り竿となる木の枝は、枝を折ったり葉をむしったりして形を整える。つまり、釣り竿とはこのようなものだ、という意識をもって道具をつくっているのだ。また、アリ塚がまだ視界にはいらないうちから釣り竿をつくり、アリ塚までもっていくことから、道具の必要性を予見する力があるらしい。

チンパンジーは、他にもいろいろと小枝を使う。木の葉を集めて咬んでスポンジのように使い、水たまりの水をすくって飲むこともある。木の葉で身体を拭くこともあるし、木の枝をつまようじにすることもある。

また、西アフリカに住むチンパンジーのある集団は、台石と石のハンマーを使って木の実の殻をたたき割ることが知られている。同じ台石を何度も使うので、台石がどこにあるかをちゃんと記憶しているらしい。また、ハンマーとなる石を台石のある場所まで、十数メートルも運搬することがあるので、やはり道具の必要性を予見する力がある。しかし、釣り竿と違って、石を加工して使うことはないようである。小枝を加工するのは簡単だが、石は堅いのでそう簡単に細工できないのだ。

野生のチンパンジーが石を加工して道具として使うことはないが、人間に飼われている状況で、教えられると石器をつくることができる。チンパンジーの石器製作実験によると、何回か試行錯誤を繰りかえしながらも、石のハンマーで石を叩いてちゃんとした剥片をとれるようになった。また、その剥片を使って食物のはいった容器のふたを開けるようになった。じつは、西アフリカの石器を使うチンパンジーたちの近くには、石器を使って木の実を割っている人びとがいる。つまり、石器製作実験も西アフリカの石器使用の例も、人間の石器使用をチンパンジーが見て学習したというわけだ。

ひるがえって、私たち人類の道具使用を考えてみよう。500万年前に誕生した人類は、もちろん小枝を加工してさまざまに使っていただろう。しかし、木は腐って残らないので、詳しいことはわからない。やがて約250万年前になると、ヒトは石器をつくりはじめる。

最古の石器は、大きめの石を石のハンマーで叩いて剥片をとっただけの簡単なものである。小さな石しかないところでは、石をおいてハンマーで叩きつぶすようにして剥片をとる。しかし、質のよい石のあるところでは、ひとつの石から何回も連続して剥片をとっている。これがチンパンジーが実験でつくった石器とヒトのつくった石器との違いである。

チンパンジーはアリを釣ったり、木の実を割ったりという採集活動の際に道具を使っている。しかし、道具を使う集団もあるが、使わない集団もあり、チンパンジーの道具使用には地域差がある。たとえば、西アフリカのチンパンジーもアリ釣りをするが、釣り竿を使うことはない。道具を使っても使わなくても、生活にさほど支障はないのである。

一方、今の私たちは道具なしには生きられない。道具はみんなが使うもので、生活にどうしても必要だ。しかし、約250万年前のヒトにとって、道具はそれほど重要ではなかったかもしれない。ヒトの進化とともに、だんだんと道具の必要性が増していき、生活のなかに重要な位置を占めるようになったのだろう。

第 3 章　初期人類の多様化（250万－100万年前）

約250万～200万年前、地球では大きな環境の変化が起こっていた。グリーンランド氷河コアの酸素同位体分析によると、この頃の地球は、気温が低下して降水量が減少している。花粉分析による植生復元では、東アフリカでは森林が減少し、かわりに草原が拡大している。南アフリカの動物相は、森林に住む動物から草原に住む動物へと種構成が変わり、しかも、新種が何種類も出現してあっという間に広がる適応放散現象が起こっている。いずれも地球各地で寒冷・乾燥化が進み、それにともない、植物や動物が変化していく様子を伝えている。南アフリカの E. ブルバ（Vrba）は環境変動、とくに乾燥化が進化に大きく影響し、種分化を引き起こすと考えており、これを進化パルス説とよんでいる。

この時期は人類進化にとって重要な画期である。華奢なアウストラロピテクスが姿を消し、それにかわるかのように頑丈なパラントロプスと華奢なホモが出現する。また、石器がはじめてつくられるようになるのもこの時期である。

パラントロプスは、かつてアウストラロピテクス・ロブスタスや、ジンジャントロプス・ボイセイとよばれた、大きな歯と頑丈な顎を

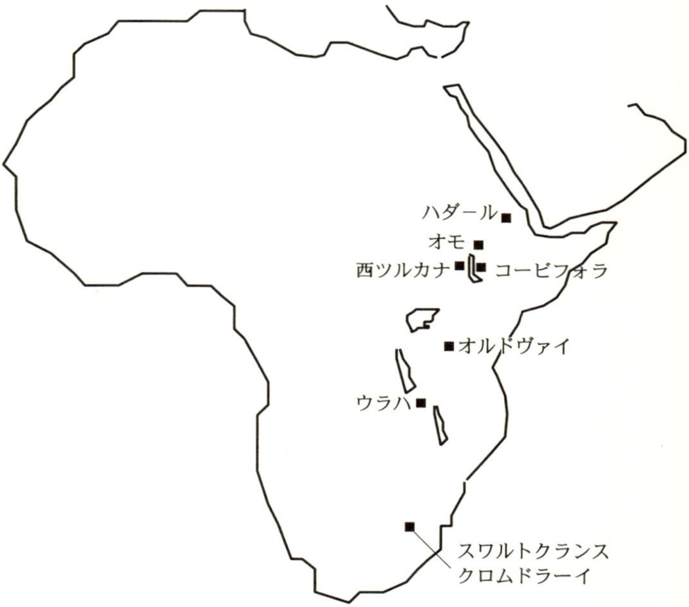

図８　初期人類の遺跡（250万〜100万年前）

もつグループである。1938年、ブルームによる発見にはじまり現在にいたるまで、３種の仲間が発見されている。彼らは約250万〜100万年前のアフリカに生きており（図８）、アウストラロピテクスとはまったく違った生活を営んでいた。

そして、パラントロプスと同じ時代、同じ地域に住んでいたのがもうひとつのグループ、ホモである。1964年のリーキーによる発見にはじまり、現在にいたるまで分類が渾沌としていたが、２種類の仲間がいたらしい。彼らもパラントロプスとはまったく違った、独自の生活を送っていたのである。

1　パラントロプス属の出現

（1）　パラントロプス属の分類

大きな歯と頑丈な顎をもつヒトのグループは、ロブスタスとボイセイという2種が古くから知られていた。このグループの分類については、研究者によって立場が2つにわかれている。ひとつは、頑丈なタイプも華奢なアウストラロピテクスと同じ仲間に含める考えである。頑丈なグループも、華奢なアウストラロピテクスも、体格や脳容量にそれほど違いがないというのが根拠である。

もうひとつは、頑丈なタイプを別の仲間として扱い、パラントロプス属とよぶ考えである。頑丈なグループは華奢なアウストラロピテクスがいなくなった後に出現すること、華奢なアウストラロピテクスとは違うものを食べていたらしいことが根拠となっている。違う名前でよんだ方がわかりやすいので、本書では後者にしたがうものとする。

（2）　パラントロプス属の特徴

パラントロプス・ロブスタス（＝頑丈なヒト）は、1938年にブルームがクロムドラーイから発見したのが最初である。クロムドラーイの化石は、それまでに見つかっていたアウストラロピテクス・アフリカヌスとは明らかに違っていた。切歯や犬歯は小さいが、それ

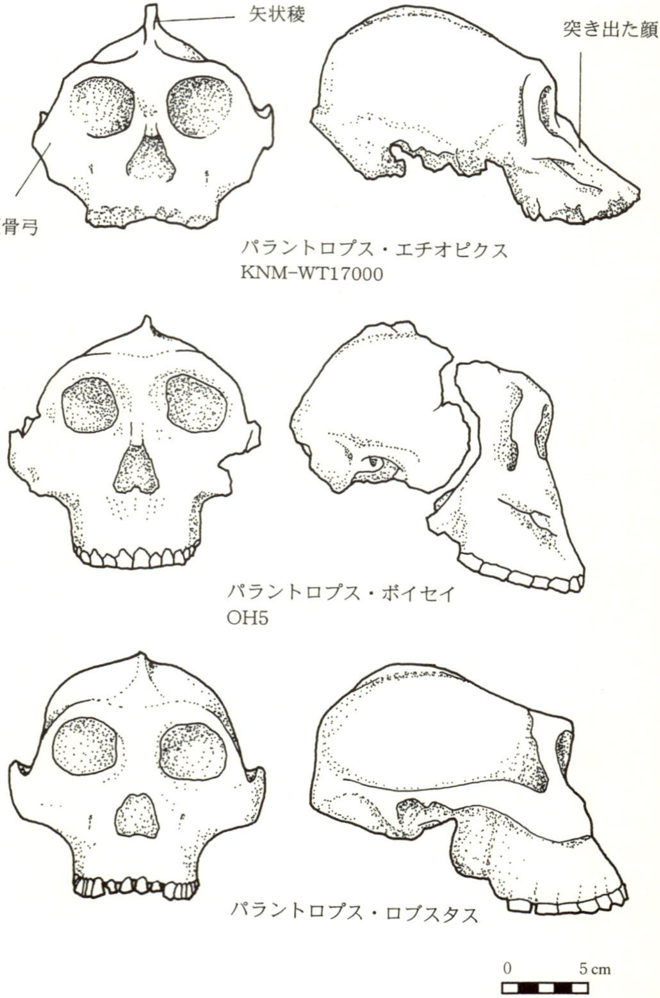

図9　パラントロプス属（Klein 1999より修正）

にくらべて臼歯はとても大きく、頑丈な顎をしていた。顔は幅広く平たんで、頬骨弓が発達しており、頭頂部の矢状稜も大きく盛り上がっていた（図9）。アウストラロピテクスにくらべて、脳容量が若干大きくなっているが、体格はあまり変わらなかった。彼らはアウストラロピテクス・アフリカヌスが姿を消した後に現れ、200万～100万年前の時代に南アフリカで暮らしていた。アフリカヌスよりも新しい時代に生きていたのにもかかわらず、ロブスタスはアフリカヌスよりヒトらしくない特徴をしていたのである。

ロブスタスよりもさらに頑丈なつくりをしたボイセイは、1959年にオルドヴァイでリーキーが発見したのが最初であるが、その後も東アフリカからたくさん見つかっている。ボイセイはロブスタスが南アフリカに暮らしていたのと同じ頃、東アフリカに生息していたロブスタスの仲間である。彼らはアウストラロピテクス・アファレンシスが姿を消した後に現れ、約240万～130万年前に東アフリカで暮らしていた。

（3）　新たな種

古くから知られていたロブスタスとボイセイに新たな仲間が加わったのは1985年のことである。ケニア北部の西ツルカナ（West Turukana）で調査をしていたA. ウォーカー（Walker）が、見たことのない頭蓋骨と下顎骨を見つけて、新たな種、エチオピクスとして発表したのである。この化石は、それまで知られていたロブスタスやボイセイより古く、260万～230万年前の地層から発見されたものである。アファレンシスとボイセイの両方の特徴をあわせもっており、アファレンシスのように脳容量がわずか410ccと小さく、顎が前に突き出ているが、ボイセイのように矢状稜が発達している。パラントロプス・エチオピクスは、ロブスタスとボイセイの仲間で、頑丈なグループのなかで最初に出現した種である。

2　初期ヒト属（ホモ）の出現

（1） 初期ヒト属の分類

パラントロプスと同じ時代、同じ地域にもうひとつのグループが暮らしていた。1964年、リーキーがオルドヴァイ渓谷から発見したホモ・ハビリス（能力のあるヒト）である。ハビリスはパラントロプスとは違って脳容量が大きく、華奢だった。

しかし、このハビリスの定義や分類をめぐって、長い間議論がつづけられてきた。当時の人類学ではヒトの特徴は大きな脳にあると考えられており、脳容量700ccをこえるのがヒトであると考えられていた。ところが、オルドヴァイ渓谷のホモ・ハビリスはアウストラロピテクスより大きいといっても、675ccしかなかった。これは進化したアフリカヌスのようなもので、アウストラロピテクス・ハビリスとよぶべきではないかとの意見もあったのである。

やがて、1980年代に入り、調査が進んで化石資料が増えるにしたがい、ハビリスには大きな個体差があることがわかってきた。ケニア北部のコービフォラから発見されたER1470という化石は脳容量

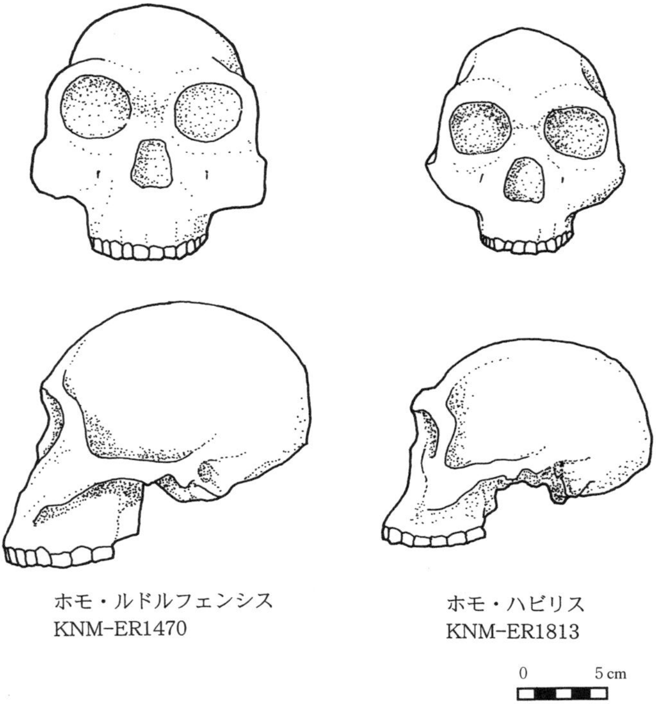

図10　初期ヒト属（ホモ）（Klein 1999　より修正）

が775ccと大きいが、同じ地域から発見されたER1813という化石はオルドヴァイ渓谷のハビリスのようにとても小さかった(図10)。南アフリカのP. トバイアス（Tobias）は、ハビリスは性的二型の大きい１種、つまり大きいのはオスで小さいのはメスとする立場だが、イギリスのB. ウッド（Wood）はハビリスは２種と考えている。ウッドの２種説では、大きな個体をホモ・ルドルフェンシス、

表２　初期人類（250万〜100万年前）の脳容量と体格

	年代（万年前）	脳容量レンジ（cm³）	脳容量平均（cm³）	体重 男性／女性（kg）	身長 男性／女性（cm）
P. エチオピクス	260—230	不明	410	不明	不明
P. ロブスタス	200—100	不明	530	40／32	132／110
P. ボイセイ	240—130	410—530	487	49／34	137／124
H. ルドルフェンシス	240—160	752—810	781	60／51	150
H. ハビリス	200—160	509—674	612	37／32	157／125

（McHenry 1994より修正）

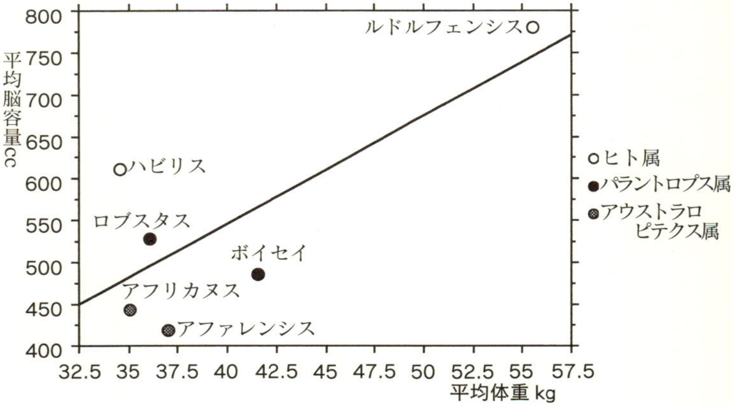

図11　初期人類の体重と脳容量の関係

小さな個体を狭義のホモ・ハビリスとよぶ。

（２）　初期ヒト属の特徴

ルドルフェンシスは、同じ時代、同じ地域に住んでいたヒトにくらべて、とても大きな頭と身体をしていた。彼らの脳容量は平均780cc、身長は150cm、体重はメスでも50kg をこえている。パラントロプスは、脳容量平均487cc、身長は130cm 程度、体重はメスで34kg であるから、大人と中学生くらいの差があった（表2、図11）。マラウイ湖西岸のウラハ（Uraha）から発見された化石は240万年前と推定され、ルドルフェンシスは狭義のハビリスより先に出現していたらしい。

一方、狭義のハビリスはルドルフェンシスよりやや遅れて200万年前に現れる。パラントロプスと同じくらいの体格だが、脳容量は平均612cc と大きい。上肢が下肢にくらべて長く、アウストラロピテクスのような森林適応を残している。しかし、歯の特徴はルドルフェンシスよりも現代的で、私たちに近くなっている。

約250万年前の気候の寒冷・乾燥化にともなって新たに出現したヒトのグループをまとめると次の通りである（図12）。

250万年前	アウストラロピテクス・ガルヒ（東アフリカ・前章参照）
260－230万年前	パラントロプス・エチオピクス（東アフリカ）
240－130万年前	パラントロプス・ボイセイ（東アフリカ）
200－100万年前	パラントロプス・ロブスタス（南アフリカ）
240－160万年前	ホモ・ルドルフェンシス（東アフリカ）
200－160万年前	ホモ・ハビリス（東・南アフリカ）

この時期の特徴は、異なるグループのヒトが同じ時代、同じ地域にいっしょに暮らしていたということである。アウストラロピテク

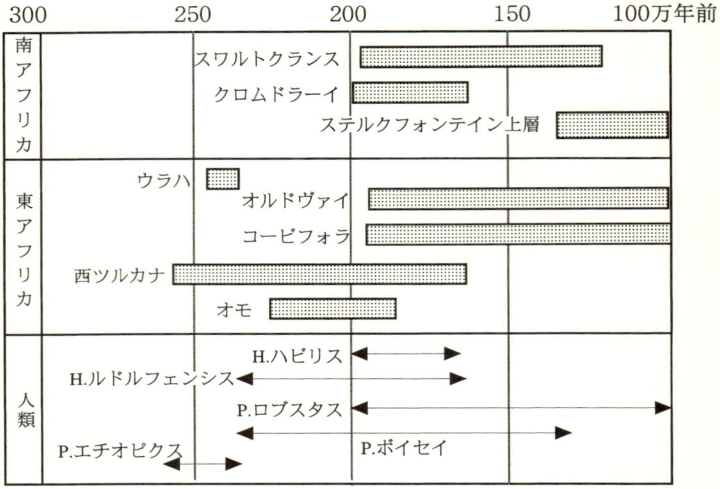

図12　初期人類遺跡の年代（250万〜100万年前）

スの時代にはこれほどの多様性はなかったし、現代の社会にはホモ・サピエンス１種しかいない。パラントロプスとホモが同じ時代、同じ地域に暮らすという状況は私たちにはちょっと想像しがたいのである。彼らは、おたがいをどのように考え、どのように暮らしていたのだろうか。

3　初期人類の食生活

約250万〜200万年前、気温が低下し、降水量が減少した結果、アフリカでは森林が減少し、かわりに草原が拡大していった。共通祖先からの森林適応を残していたアウストラロピテクスは森林の減少とともに姿を消し、かわりにパラントロプスとホモという新たな属が草原の拡大とともに出現するのである。

（１）　サバンナの食物

初期人類は炭水化物、タンパク質、脂肪、ビタミン、ミネラルを何から得ていたのだろうか。森林とサバンナでは食料資源の種類や分布が異なっている。彼らが暮らしていたサバンナの食物のエネルギー（カロリー）、栄養素、消化性と分布を考えてみよう。サバンナでは、森林にくらべて果実や葉といった植物が少なくなるが、そのかわり動物が多くなる。サバンナで食べられるものというと、草、若葉、木の実、根菜、動物である。草はどこにでもあるが、繊維が多く消化しにくい。若葉はタンパク質を多く含み、有毒成分もなく消化しやすいが、得られるエネルギーは少ない。木の実や根菜は得られるカロリーも分布密度も高いが、有毒成分を含む。動物の肉はタンパク質、骨髄は脂肪が多くて消化しやすいが、手にはいりにくい。したがって、最適採食戦略の原則を考えれば、サバンナに住むヒトには、どこにでもあるものの（低コスト）、消化しにくい草、木の実、根菜類や、カロリーが少ない若葉（低リターン）を食べるのか、それとも手にはいりにくいが（高コスト）高品質の肉（高リターン）を食べるのか、２つの選択がある。

（2） パラントロプスの食適応

パラントロプスの臼歯は大きく、顎は頑丈で、咀嚼筋がつく頭頂部の矢状稜は盛り上がっている。これは、堅いものを噛むために発達したのである。パラントロプスの歯の磨耗痕を調べると、堅い繊維質を多く含むものを食べていたことがわかる。おそらく彼らは、サバンナのどこにでもある植物を食べていたのだろう。

しかし、野生植物は、動物に食べられないよう自己防衛のために有毒成分を含んでいる。有毒成分には、消化を低下させるタンニンや細胞呼吸を妨げるシアングリコーゲン、細胞壁を破壊するサポニン、レクチン、アルカロイドなどがある。これらを摂取しないためには、有毒成分を含まない部分だけを注意深く選択する、もしくは、いろいろな種類の植物を食べていろいろな有毒成分を少量ずつ取るといった食べ方が考えられる。

（3） ホモの食適応

一方、同じ地域に住んでいたホモは、パラントロプスより身体が大きかったので、よりたくさんのエネルギーが必要だった。しかし、彼らの歯を見ると、エナメル質が薄く、臼歯も小さい。ホモは、あまり噛まずにすむものを食べていたに違いない。カロリーが高くてあまり噛まずにすむような食物といえば、動物の肉や骨髄である。手にはいりにくいといっても、森林とくらべれば、サバンナには動物がたくさんいる。パラントロプスが低コスト低リターンの菜食者なのに対し、ホモは高コスト高リターンの肉嗜好者だったのである。

4　初期人類の社会

（1）　食適応と社会

パラントロプスとホモはともにサバンナに適応したヒトであった。同じ場所に住んでいても、彼らの間に争いがあったという証拠はなく、それぞれ違う食べ物を求めてうまく共生していたのである。これは、自然界ではあたり前に行われる「住みわけ」という適応である。

たとえば、類人猿のチンパンジーとゴリラも同じ場所に住んでいるが、それぞれ違う食物を選択して住みわけている。チンパンジーとゴリラはともに果実を食べる。しかし、果実がないときに彼らはそれぞれ違う行動をとる。ゴリラはカロリーの少ない葉をたくさん食べてまにあわせるが、チンパンジーは果実にこだわって探しつづけるのである。

同じ場所に暮らす類人猿でも、社会構造は異なっている。ゴリラはシルバーバックとよばれる１頭の成年オスを中心に、複数のメスとシルバーバックより年下のオスがひとつの集団に暮らしている。チンパンジーは多雄多雌のグループである。メンバーの固定したゴリラの集団とは違い、チンパンジーの集団は、入れ代わりが激しいフィッション・フュージョン社会である。

集団の大きさは食物の分布に規制されている。いつでもどこにでもあるが量の少ない食物を食べる動物は小さいグループで暮らし、分布は偏るがたくさんある食物を食べる動物は大きなグループで暮らす傾向にある。また、人口密度は身体の大きさと食物に関係する。個体の体重が少なく、葉食の割合が多い動物の人口密度は高くなる傾向がある。

（2） 初期人類の社会

身体の大きいホモは、小さいパラントロプスよりたくさんのエネルギーが必要だった。高コスト高リターンの採食戦略を取っていたホモは、広いホームレンジで食物を探しまわっていただろう。食適応にもとづいて彼らの社会を想像してみると、肉食者ホモは、大きな集団に暮らしていたが、人口密度は低かったかもしれない。

一方、低コスト低リターンに適応したパラントロプスは、食物を探して動き回る必要はなかった。菜食者パラントロプスは、肉食者ホモより小さな集団で暮らしていたが、人口密度は高かったかもしれない。

パラントロプスとホモが食物を巡って競争していた証拠はない。しかし、パラントロプスはサバンナに住む数多くの草食獣と同じ食物を食べており、ホモはチーターやライオンなどの肉食獣と動物の肉を巡って競争したかもしれない。ホモはやがてエレクタスやサピエンスに進化していくのに対し、パラントロプスは子孫を残すことなく100万年前に絶滅してしまう。菜食者パラントロプスはサバンナに住む草食獣と食物をめぐる資源競争に負けてしまったのかもしれない。

5　初期人類の道具使用—オルドヴァイ文化

ヒトは他の霊長類にくらべて頭がよく、さまざまな道具をつくって自らの生きる環境を変えていく能力があると考えられていた。しかし、ダートやブルームが調査を行っていた南アフリカでは、化石といっしょに石器が出てくることはなく、南アフリカの化石はヒトにはまだ遠いと考えられていた。一方、1931年からリーキーが調査をはじめたタンザニアのオルドヴァイ渓谷には、礫を打ちかいただけの簡単な石器がたくさんあった。石器をつくりだしたのは私たちヒトの祖先に違いないとリーキーは考えていた。

この世界最古の石器文化をオルドヴァイ文化という。オルドヴァイ文化の石器は、河原にある礫を石のハンマーで直接打ちかいてつくる。礫を石核、礫から剥がれた石片を剥片という（図13)。石核をさらに加工して刃部をつくったものをチョッパーというが、チョッパーにはあらかじめ決まったデザインはなかった（図14)。

オルドヴァイ渓谷から見つかった動物の骨には、石器でつけられた打撃痕や切り痕があり、チョッパーで骨を叩きわって骨髄を取りだしたり、剥片で肉を骨から削ぎ取ったりしていたようだ。石器の刃部を顕微鏡で調べる使用痕分析によると、剥片は植物採集にも使われていたらしい。

現在知られている最古のオルドヴァイ文化は、エチオピアのハダールから発見されている。270万と240万と測定された2つの火山灰

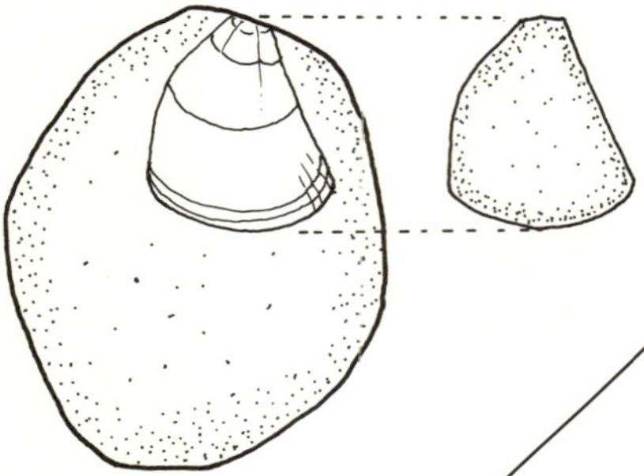

図13　石核と剥片

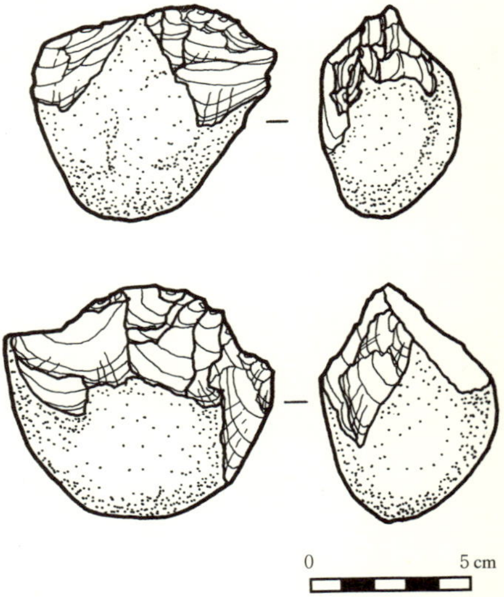

図14　オルドヴァイ文化の石器（チョッパー）（Leakey 1971より修正）

に挟まれており、少なくても250万年前から石器がつくられていた。ケニアの西ツルカナやエチオピアのオモ（Omo）でも、230万年前には石器をつくっていた。オルドヴァイ渓谷では180万年前から120万年前まで、ケニアのコービフォラでは180万年前から140万年前までオルドヴァイ文化がつづいていた。

オルドヴァイ文化は、約250万年前にはじまり120万年前までの長い間続いた。その間、一貫して決まった形をした石器はつくらなかった。しかし、石核を二次加工してつくるチョッパーは200万年以前の古いオルドヴァイ文化にはないので、時代が新しくなるに従って、石器を二次加工することを覚えていったらしい。

石器をつくっていたのは誰だったのだろうか。オルドヴァイ渓谷のいちばん下の層（180万－170万年前）からはオルドヴァイ文化の石器とともにボイセイとハビリスの化石が、その上の層（170万－120万年前）からはオルドヴァイ文化と新たなアシュール文化の石器が、ハビリスとエレクタスの化石といっしょに発見されている。メアリ・リーキーは、オルドヴァイ文化はハビリスの文化、アシュール文化はエレクタスの文化、と考えた。

オルドヴァイ文化の時代には、アウストラロピテクス・ガルヒ、パラントロプス、ホモなど数種のヒトがいた。アウストラロピテクス・ガルヒやパラントロプスは絶滅してしまうが、ホモは現在まで生き残っている。石器の製作方法もホモとともに進化していくので、ホモが石器をつくっていたのは間違いない。

また、石器の使用は肉食と強く結びついている。骨を叩き割るのには堅くて重量のある石核石器が、肉を切るには薄くて鋭利な刃をもつ剥片石器が必要だが、果実を取るのに道具はいらないし、根菜を掘り出すには木の棒でまにあう。肉食嗜好のホモのほうが、菜食嗜好のパラントロプスよりも石器を必要としていたに違いない。しかし、だからといってパラントロプスが石器を使わなかったという証拠は何もない。オルドヴァイ文化の時代に生きていた皆が石器をつくっていたかもしれないのだ。

第４章　ホモ・エレクタス（180万－20万年前）

180万年前、漸新世から更新世へ移行すると同時に、新たな種、ホモ・エレクタスが誕生する。彼らはアフリカ大陸の外へと拡散した最初の人類であり、その存在は19世紀から知られていた。最初の発見は、アフリカから遠く離れたインドネシア、つづいて中国であった。そのため、エレクタスは最初アフリカで誕生し、長い旅をへて東アジアへといたった、と長い間考えられていた。しかし、最近になって次々と新たな発見があり、180万年前に東アフリカに出現した彼らは、あっという間に南ヨーロッパや中国、インドネシア、と世界各地に広がったかもしれないという（図15)。

エレクタスは、ハビリスより頭も身体も大きくなっており、私たちと同じような体格をしていた。ハビリスにくらべてエネルギーがたくさん必要で、食べ物を探して広い範囲を遊動していた。しかし、エレクタスの子どもは成長が遅く、育児を助けるために食物分配が不可欠となり、社会性が発達したらしい。

彼らは、はじめハビリスの文化を継承していたが、やがて独自の新たな文化、アシュール文化をもつようになる。アシュール文化はハンドアックスという規格性のある石器をつくるのが特徴である。

図15　エレクタスの遺跡

しかし、新たな文化の受容には地域差があり、アフリカや中近東、ヨーロッパ南部などハンドアックスをつくる地域と、ヨーロッパ北部や東アジアなどつくらない地域があった。

1　発見の歴史

（1）　ジャワ

1887年、オランダ人解剖学者、E. デュボワ(Dubois 1858－1940)は故郷オランダを発ち、人類の祖先を探しにインドネシアにやってきた。霊長類が生息する熱帯雨林にヒトの祖先が暮らしていたに違いないと彼は信じていた。そして、ジャワ島のトリニール（Trinil）で頭蓋骨の破片を発見した彼は、1894年、その化石をピテカントロプス・エレクタスとして報告した。

しかし、この化石が人の祖先だというデュボワの主張は、受け入れられなかった。19世紀末当時のヨーロッパでは、ネアンデルタール谷からでた化石人骨が知られていたが、このネアンデルタールでさえ、病気を患った現代人であると考えられていたのである。破片しかないピテカントロプスが、ヒトとして認められなかったのは当然かもしれない。

しかし、その後、化石人骨の発見がだんだん蓄積されることとなる。1907年、ドイツ、ハイデルベルグ近郊のマウエル（Mauer）から顎の骨が発見され、1912年から1915年にかけてイギリスのピルトダウン（Piltdown）で不思議な頭蓋骨が発見される。1925年には南アフリカのタウングズからアウストラロピテクス・アフリカヌスが、そして1927年には中国の北京郊外からピテカントロプスととてもよく似た骨が発見されたのである。1936年、ジャワで調査をしていたG. ケーニヒスワルト（Koenigswald 1902－1983）がモジョケルト（Modjokerto）でピテカントロプスの子どもの骨を発見、1937年にはサンギラン（Sangiran）でさらに３個体の頭蓋骨の破片を見つけた。デュボワの発見から40年以上たって、ピテカントロプスはようやく私たち現代人の祖先として認められるようになったのである。

現在までにジャワ島では６つの遺跡から化石が発見されている

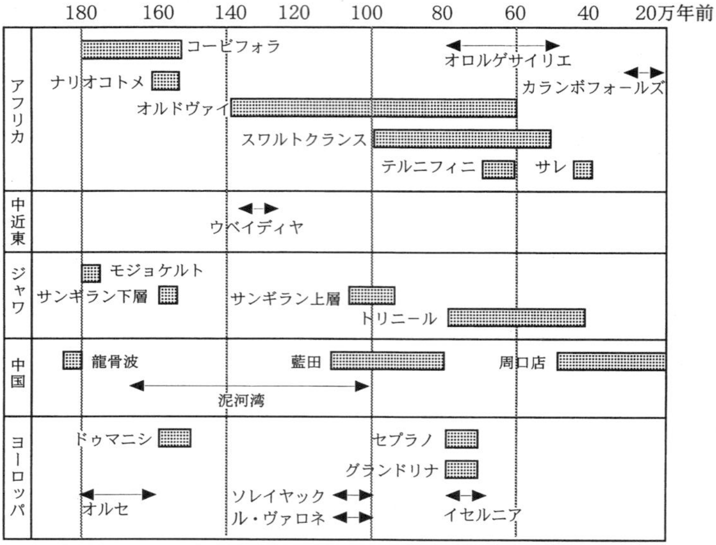

図16　ホモ・エレクタス遺跡の年代（◀▶石器だけの遺跡）

が、東アフリカとちがって絶対年代の測定がむずかしい。しかし、トリニールを含めてほとんどの化石は80万年前より新しいと考えられてきた。ところが、最近になって化石が出てきた地層の年代測定をしたところ、モジョケルトが180万年前、サンギランは160万年前という驚くべき結果がでたのである（図16）。

一方、ガンドン（Ngandong）は5万3千～2万7千年前と、きわめて新しい年代と測定された。つまり、現代型サピエンスの時代までエレクタスが生き残っていたことになる。この測定結果が正しいとすれば、モジョケルトの化石は東アフリカと並んで世界で最初のエレクタスであり、ガンドンから発見された化石は世界で最後のエレクタスということになる。

（２）　中国

19世紀末の中国では、化石は龍の骨とよばれ、漢方薬として薬屋で売られていた。当時、中国にいた西洋人医師たちは、そのなかにサルか人間のような骨があることに気がついていた。1921年、スウェーデンの地理学者J. アンデルセン（Andersson）は、北京から40km離れた周口店という村の石灰岩洞窟で発掘をはじめた。その５年後、人の歯のようなものが見つかり、アンデルセンはその歯をカナダ人医師D. ブラック（Black 1884－1934）に渡した。ブラックは、それが人の祖先であると考え、1927年、周口店で大規模な発掘調査を行った。そして、その年見つかった歯をシナントロプス・ペキネンシスとして発表したのである。

1928年には顎の骨が、さらに翌年にはブラックといっしょに仕事をしていた古生物学者、裴文中が頭蓋骨を発見した。ブラックが急死した後、調査は1935年からF. ワイデンライヒ（Weidenreich 1873－1948）へと受け継がれた。やがてワイデンライヒの許にジャワで調査をしていたケーニヒスワルトが訪れて、２人はジャワで発見されたピテカントロプスと周口店のシナントロプスは同じ種であると考えるようになった。この２つの化石は、その後50年代になってホモ・エレクタスとよばれるようになる。

周口店は世界屈指の大遺跡である。1937年までに発見された化石は45個体以上にのぼる。しかし、日中戦争の勃発により、周口店での調査は続行できない状態になった。1941年、ワイデンライヒは中国を発つにあたって、シナントロプスの化石をアメリカ海兵隊に託した。しかし、この貴重な化石は2度とワイデンライヒの許に届くことなく、戦火のなかに紛失してしまったのである。いまに伝わるシナントロプスは、ワイデンライヒがつくった模型や写真、詳細な記述にもとづいている。

周口店はジャワよりも年代が新しく、50万〜23万年前の遺跡である。しかも、化石とともに大量の石器や動物の骨、たき火をした跡がいっしょに発見されていている。ジャワ島では化石だけが見つかり、彼らの行動や文化を伝える証拠がないのとは対照的である。

（3） アフリカ

1950年代からアフリカでもエレクタスの発見が相次いだ。1954年、アルジェリアのテルニフィニ（Ternifine）から70万〜60万年前と思われる化石が、翌年にはモロッコのシディ・アデラーマン（Sidi Abderrahman）からも化石が見つかった。さらに1971年には、同じモロッコのサレ（Sale）から40万年前と思われる化石が見つかった。

北アフリカの遺跡にくらべて、東アフリカや南アフリカの遺跡は年代が古い。ケニアのコービフォラでは、180万年前という古い地層からエレクタス（ER－3733、ER－3883）が発見されている。つまり、東アフリカのエレクタスは、ルドルフェンシス、ハビリス、パラントロプスと同じ時代に生きていたことになる。また、1960年にリーキーがオルドヴァイ渓谷から120万年前のエレクタス（OH９）を発見している。オルドヴァイではそれより新しい70万〜60万年前の地層からも化石が見つかっている。南アフリカのスワルトクランスでは、100万〜50万年前のエレクタスらしき化石が発見されている。

さらに1985年には、ケニアのナリオコトメ（Nariokotome）で調査をしていたA．ウォーカー（Walker）が、エレクタスの全身骨格を発見した。ツルカナボーイ（WT－15000）とよばれるこのエレクタスは、160万年前に生きていた12歳位の少年で、成長すれば身長180cm、体重68kg、と現代人のような体格に達したはずである。アフリカのエレクタスは同時代に暮らしていたパラントロプスにくらべて、身体も頭もとても大きなヒトであった。

エレクタスは、長い間、広い地域にわたって暮らしていた。アメリカのG．ライトマイヤー（Rightmire）はエレクタスは１種とする立場だが、イギリスのウッドは２種と考えている。ウッドの２種説では、ER－3733やツルカナボーイなど、170万〜150万年前に現れるアフリカの初期エレクタスをホモ・ユーガスター、それより年代の新しい個体を狭義のホモ・エレクタスとする。

２　アフリカからの旅立ち

（１）　定説

1980年代までのエレクタスに関する知識は、（１）エレクタスの先祖と思われるハビリスはアフリカに住んでいた、（2）ハビリスからエレクタスに進化するにしたがい、オルドヴァイ文化からアシュール文化という新しい文化がはじまった、（3）エレクタスはジャワには80万年前から、周口店にはそれより遅れて50万年前から住んでいた、（4）寒い周口店では火を使用していた、（5）アシュール文化はアフリカや中近東、ヨーロッパにはあるが、インドより東のアジアにはない、というものだった。この事実から、アフリカ起源のエレクタスは、新たな文化と寒い土地にも適応する能力を身につけて、約100万年前にアフリカから各地へ拡散していったが、旅の途中でアシュール文化は失われた、と考えられてきた。

（2） 最近の発見

しかし、エレクタスの拡散についてはさまざまな疑問がつきまとっていた。イスラエルのウベイディヤ（Ubeidiya）では、オルドヴァイ文化の石器が140万〜130万年前の地層から見つかっていて、人類がアフリカをでたのは少なくとも140万年前であると調査者は考えていた。しかし、ウベイディヤは堆積条件も悪く、年代は古地磁気と動物相から推定されたもので、決定的な絶対年代に欠けていた。

ところが、90年代にはいって、従来の説を覆すような発見が次々と起こったのである。まず、1991年、グルジア共和国のドゥマニシ（Dmanisi）から180万〜160万年前のエレクタスの下顎骨が発見された。これは、アシュール文化が出現する前のオルドヴァイ文化の時代に人類がアフリカ大陸を出発していた証拠となる。さらに1994年、ジャワの遺跡の地層をアルゴン・アルゴン法で年代測定したところ、モジョケルトは181万年前、サンギランは166万年前という衝撃的な結果がでたのである。

その翌年、今度は中国南部の龍骨波から人骨が発見され、ESR法で180万年前と測定された。この化石はジャワや周口店のエレクタスよりも東アフリカのユーガスターに似ていると調査者は考えている。つまり、180万年前にはアフリカにもアジアにもすでにユーガスターがいたということになる。さらに藍田では115万～80万年前のエレクタスの化石が出土している。また、人骨はないものの、泥河湾盆地からは100万年前をさかのぼる遺跡が見つかっており、なかでも小長梁遺跡は167万年前と測定されている。

ヨーロッパでも90年代に入って発見が相次いだが、東アジアの遺跡にくらべて年代が新しい。1994年、イギリスのボックスグローブ（Boxgrove）から50万年前の頸骨が、さらに翌年にはスペインのグランドリナ（Gran　Dolina）から78万年前の人骨の破片が発見された。1996年にはイタリアのセプラノ（Ceprano）で80万年前のエレクタスの化石がみつかり、今のところ、これがヨーロッパ最古の化石人骨である。しかし、石器だけが出ている年代の古い遺跡がいくつかあり、スペインのオルセ（Orce）では、180万年前の地層からオルドヴァイ文化の石器が発見されている。

人類がいつアフリカ大陸を出発したのか、今後の調査次第でシナリオはどんどん書き変えられていくだろう。今わかっていることは、（1）エレクタスの先祖と思われるハビリスはアフリカに住んでい

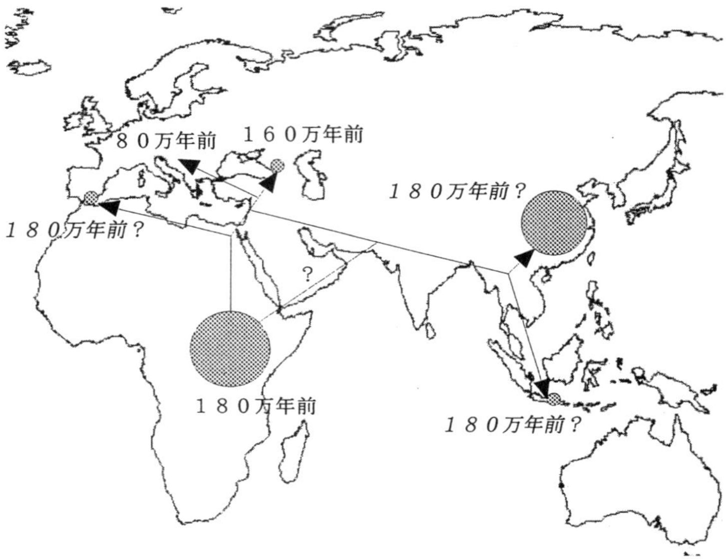

図17　エレクタスの拡散

た、（2）エレクタスは180万年前にすでに東アジアや南ヨーロッパに到達していたかもしれない、（3）アフリカ大陸を最初に旅立った人類は、オルドヴァイ文化をもっていた、ということである（図17）。

3　エレクタスの特徴

エレクタスの特徴は、身体の大型化である。彼らの身長は145～185cm、体重は52～63kgと、私たち現代人とほぼ同じ体格に達して

表3　エレクタスと初期ヒト属の脳容量と体重

	年代（万年前）	脳容量レンジ（㎤）	脳容量平均（㎤）	体重 男性／女性（kg）	身長 男性／女性（cm）
H. ルドルフェンシス	240—160	752— 810	781	60／51	150
H. ハビリス	200—160	509— 674	612	37／32	157／125
H. エレクタス	180—20	750—1251	988	63／52	145～185

（McHenry 1994より修正）

いた（表3）。アウストラロピテクスは、身長せいぜい130cm、体重30kgしかなかったのだから、それにくらべて、エレクタスはかなり大きくなっていたことがわかる。とくに女性の身体が大きくなり、その結果、性的二型が少なくなった。

エレクタスのプロポーションも、現代人とまったく同じになった。アウストラロピテクスやハビリスは足にくらべて腕が長かったのだが、エレクタスは足が長くなっている。森林生活に有利な身体から、地上生活に完璧に適応した身体になったのである。

四肢の長さは気候に関係している。寒いところに住む人は四肢が短く、暑いところに住む人は四肢が長い。これは、四肢が長くなると身体の表面積が増えて熱放散をうながすためで、アレンの法則という。ナリオコトメから発見されたツルカナボーイは、暑くて乾燥した気候に住む現代人とまったく同じように、細くて長い体躯、長い手足をしていた。

脳容量も、大きくなった。しかし、身体が大きくなるにつれて、

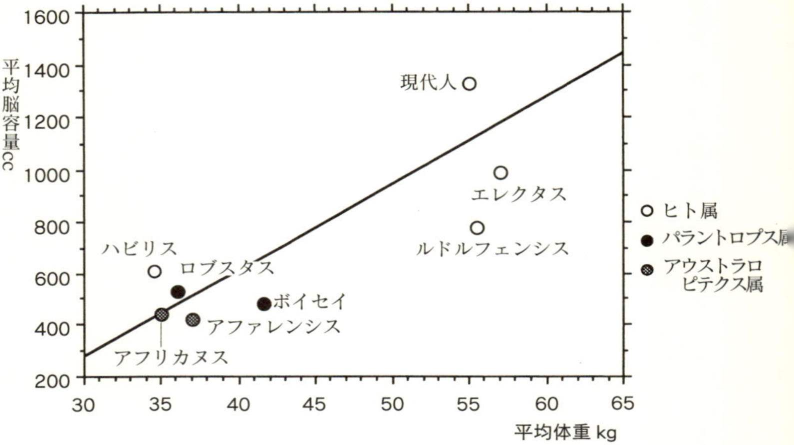

図18　初期人類の体重と脳容量の関係

自然に頭も大きくなるものだ。体重に対する脳容量を相対的脳容量といい、これが増えることを大脳化という。エレクタスの相対的脳容量は、初期ヒト属と同じくらいで、私たちの3分の2しかなかった（図18）。頭蓋骨は厚く、眉上隆起や後頭隆起が突き出ており、私たちより頑丈である（図19）。身体の骨格は現代化したエレクタスだが、頭の方はまだ原始的だったのである。

出現してから絶滅するまでの150万年間、エレクタスの脳容量、身長、歯のプロポーション、頭蓋骨の形態に特別な変化はなかった。エレクタスは長い間、進化的に安定していたのである。しかし、アジアのエレクタスは、下顎骨や歯、頭蓋骨に独特の特徴があり、アフリカのエレクタスとは違うと考えて、アジアのエレクタスを狭義のホモ・エレクタス、アフリカのエレクタスを別の種、ホモ・ユー

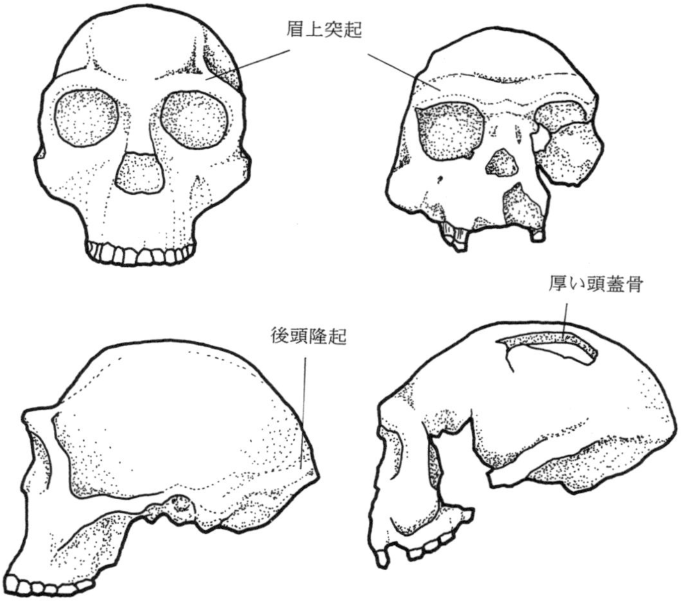

ホモ・エレクタス（ユーガスター）
KNM-3733

ホモ・エレクタス
サンギラン１７

0　　5 cm

図19　ホモ・エレクタス（Klein 1999　より修正）

ガスターとする意見もある。

4　エレクタスの食生活

（1）　身体的特徴と食適応

基礎代謝量は、体重の増加に応じて増えていく。大型化したエレクタスは、初期ヒト属よりも多くのエネルギーを確保しなければならなかった。身体の大きいグループは小さいグループより食物を求めて移動する範囲（ホームレンジ）が大きくなるので、エレクタスのホームレンジは初期ヒト属よりもさらに大きかったはずである。

しかも、脳は他の器官にくらべてエネルギーをたくさん必要とする。私たちの脳は、体重のわずか２％にすぎないが、20%のエネルギーを消費してしまう。脳がすこし大きくなっただけでも、エネルギーはたくさん必要になる。

消化吸収器官は胃、小腸、大腸からなり、胃と大腸ではおもに消化を、小腸ではおもに吸収をする。それぞれの器官の大きさは、おもに何を食べているかに関係する。消化しにくい葉を食べるゴリラは消化をする大腸が大きく、消化しやすい果実を食べるチンパンジーは消化と吸収器官が同じ大きさになる。私たち現代人は、ゴリラとチンパンジーの中間である。

体重と消化吸収器官の関係を見ると、現代人は体重に対して消化吸収器官がとても小さくなっている。エネルギーがたくさん必要なのにもかかわらず、消化吸収器官が小さいのは、消化しやすいものを食べているからである。現代人と同じプロポーションをしていたエレクタスの消化吸収器官も現代人と同じ大きさだったはずなので、エレクタスも消化しやすいものを食べていたことになる。

（２） 大型獣狩猟者説

エレクタスはカロリーが高く、消化のよい高品質な食物を広く探し求めていた。サバンナにおける高品質な食物とは肉である。彼らは初期ヒト属よりもさらに多く肉を食べるようになったに違いない。ケニアのオロルゲサイリエ（Olorgesaillie）では、約50万年前の地層からアシュール文化の石器とともに大型のヒヒ、セロピテクスの骨が65個体以上発見されている。スペインのトラルバ（Torralba）、アンブロナ（Ambrona）では、40万〜25万年前の地層からアシュール文化の石器とともに絶滅した象や他の動物の骨が発見されており、エレクタスがビッグゲーム（大型獣）ハンターだったという証拠と考えられてきた。類人猿と私たちの違いは私たちが肉をたくさん食べることにあり、組織的な大型獣狩猟がホモの繁栄を導いたとする考えをマン・ザ・ハンター論という。

エレクタスが肉食者だったという説を裏づける化石の証拠もある。ケニアのコービフォラから、ビタミンＡ過剰摂取症をわずらった化石が見つかっている。ビタミンＡはライオンやハイエナなど肉食動物の肝臓にたくさん含まれており、とりすぎると中毒を起こす。このエレクタスは動物の肝臓を食べすぎてしまったらしい。

（３）　植物採集と火の使用

狩猟の証拠は遺跡に残るが、植物採集の証拠はなかなか残らない。現在アフリカのサバンナに暮らしている狩猟採集民のサンやハッザは、おもに果実やはちみつを集めて食べている。肉を好むものの、肉を得るチャンスは少なく、実際の食事メニューの大部分は、はちみつや果実などの植物なのだ。世界各地の狩猟採集民を調べてみると、狩猟の比重が植物採集より高い民族は、植物が育たない極北地帯に住む海獣狩猟民イヌイトなどほんの一部にかぎられる。エレクタスも「ビッグゲームハンター」というよりは、「毎日採集、ときどき狩猟」といった地味な生活を送っていたに違いない。

東アジアのエレクタスは動物が少ない環境に住んでいたので、植物採集が中心の生活をしていたはずである。アフリカのエレクタスだって、植物を集めて毎日食べていただろう。ザンビアのカランボフォールズ（Kalambo Falls）は植物食の証拠を残す数少ない遺跡のひとつである。20万年前のアシュール文化末期の地層から、葉、木の実、種、果実などが炉の跡といっしょに見つかっている。

しかし、野生植物は動物に食べられないよう自己防衛のために有毒成分を含んでいる。私たちが山菜を食べるとき、アク抜きをするのはそのためだ。これを解決したのが、エレクタスにはじまる火の使用である。マメ科や穀物、根菜に含まれるトリプシンやシアングリコーゲンなどの有毒成分は加熱すると破壊される。火の使用で今まで食べられなかった植物も食べられるようになり、植物タンパク質やビタミン、ミネラルの摂取効率が高まったのである。周口店やハンガリーのベルテスゾロス（Vérteszöllös）では約50万年前の地層から炉の跡が見つかっている。

じつは、火の使用は、エレクタスの食生活だけでなく、社会性にとっても大きな影響がある。火を使って食物を加熱処理するのが習慣になったとすると、食物を加工するコストが増すことになる。食べ物を見つけるたびに、１人でいちいち火をおこして１人で食べるというのは、なんとも面倒で効率が悪い。集団メンバーが食物を火のあるところにもち寄っていっしょに食事をしたはずだ。火の使用は、社会性の発達を裏づける重要な証拠なのである。

5　エレクタスの社会

（1）　身体的特徴と社会性

ツルカナボーイの大腿骨の関節部を調べてみると、腰骨の連結部が現代人より小さかったらしい。これが女性の場合だと産道が小さいことになる。赤ん坊の頭の大きさは産道の大きさに限定されるので、エレクタスの新生児は産道を通れるような小さい頭で生まれてきたわけである。小さな頭と身体をした新生児は、成長して一人前になるまでに時間がかかる。これを成長遅滞という。霊長類では、進化するにつれて大脳化が進み、成長が遅滞する傾向がある。

サバンナに住む草食獣の多くは、生まれて数十分後には自力で立ち上がる。ライオンなど捕食者の多い危険な環境では、生まれてすぐに自力で動ける能力は生きていくのに有利である。ところが、エレクタスの赤ん坊が自力で動きまわり食事ができるまでに数年かかったわけである。1人では生きていけない赤ん坊を数年間もかかえること、これが大きな身体と頭をもつエレクタスが負わなければならなかったリスクである。

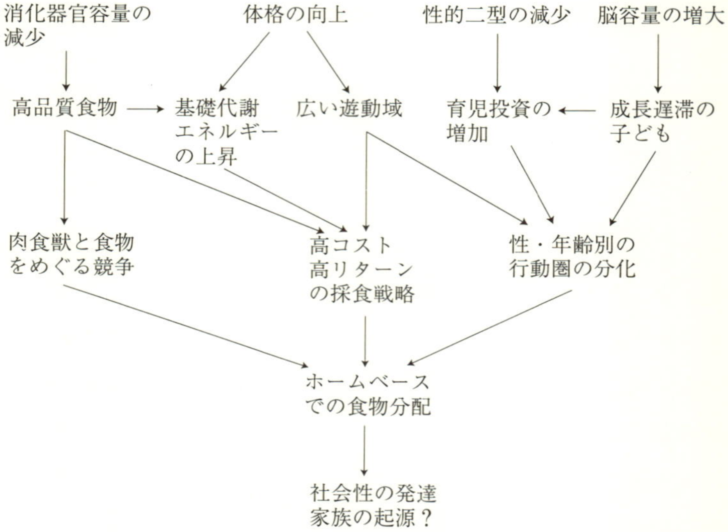

図20　エレクタスの生存戦略

（2）　家族の起源とホームベース

エレクタスの生存戦略は、育児コストの負担を軽くすることだ。そのためには、赤ん坊と母親はチーターやライオンなど危険な捕食者から身を守れるような安全な場所にとどまる、その他の集団メンバーは食物を探して広く遊動する、食物の一部はもち帰って母親と子どもに分配する、といった行動が考えられる。

集団メンバーが集合する場所を、ホームベースとよぶ。現代の狩猟採集民には、かならずホームベースがあるが、類人猿にはない。集団メンバーが食物をあたり前のように分配するのは、私たちホモ・サピエンスだけである。アイザックは、ホームベースでの食物分配が社会性の発達をうながし、やがて家族を形成するようになり、ホモの繁栄を導いたと考えた（図20）。

このホームベースは考古学的に証明されるだろうか。180万年前のオルドヴァイ文化の遺跡から、数種の動物の骨と石器がいっしょに見つかっており、アイザックは当初、これがホームベースだと考えていた。しかし、冷静に考えると、食物を運んだ証拠はあっても、母親と子どもに分配するためかどうかはわからない。ライオンに肉をとられないために安全な場所まで運んだだけかもしれないのである。

現在、ホームベースの起源をめぐって２つの立場があり、コービフォラのFxJj50遺跡やオルドヴァイ渓谷のFLKジンジャントロプス遺跡など、170万年前のオルドヴァイ文化期にはじまるという説と、周口店に代表されるように50万年前にはじまるという説がある。

今わかっていることは、（１）１人では生きていけない赤ん坊は少なくとも160万年前に存在した、（２）それにもかかわらず、エレクタスは世界中に拡散し、それ以前に生きていたハビリスたちにくらべて明らかに人口が増えた、ということである。エレクタスがホームベースで食物分配をしていたという証拠はないが、エレクタスの生存戦略は成功したのである。大きな脳と身体をもてば、子どもの成長は遅くなり、育児コストが大きくなる。食物分配という育児協力がないと、子どもの成長遅滞は生存上の不利益である。しかし、いったん食物分配が常習的になれば、赤ん坊が一人前に育つだけでなく、集団の協調性も増して社会性が発達するのである。

6　エレクタスの道具使用―アシュール文化

（1）　アシュール文化

ヨーロッパでは、絶滅した動物の化石に両面を加工した石器、ハンドアックスがともなうことが古くから知られていた（図21）。石器が発見されたフランスのサン・タシュール（Saint–Acheul）という地名にちなんで、この文化をアシュール文化とよぶ。

その後、オルドヴァイ渓谷で調査をつづけていたメアリ・リーキーが、渓谷のいちばん下の層からオルドヴァイ文化、その上の層からオルドヴァイ文化とともにアシュール文化の石器が出てくることに気がついた。そこで、オルドヴァイ文化はハビリスの文化、アシュール文化はエレクタスの文化と彼女は考えた。オルドヴァイ渓谷のアシュール文化は140万年前にはじまるが、もっとも古いアシュール文化の遺跡は、170万年前に登場するエチオピアのコンソ（Konso）である。

オルドヴァイ文化の石器には決まった形がなかったが、アシュール文化は両面を加工して形を整えたハンドアックスという石核石器をつくるのが特徴である。オルドヴァイ文化では石などのハードハンマーで石核を打ちかいて剥片を取っていたが、アシュール文化では動物の骨や角などの柔らかいもので打撃することもある。ソフトハンマーを使うと薄くて大きな剥片が取れるのである。

アシュール文化は170万年前のアフリカに起源し、約20万年前ま

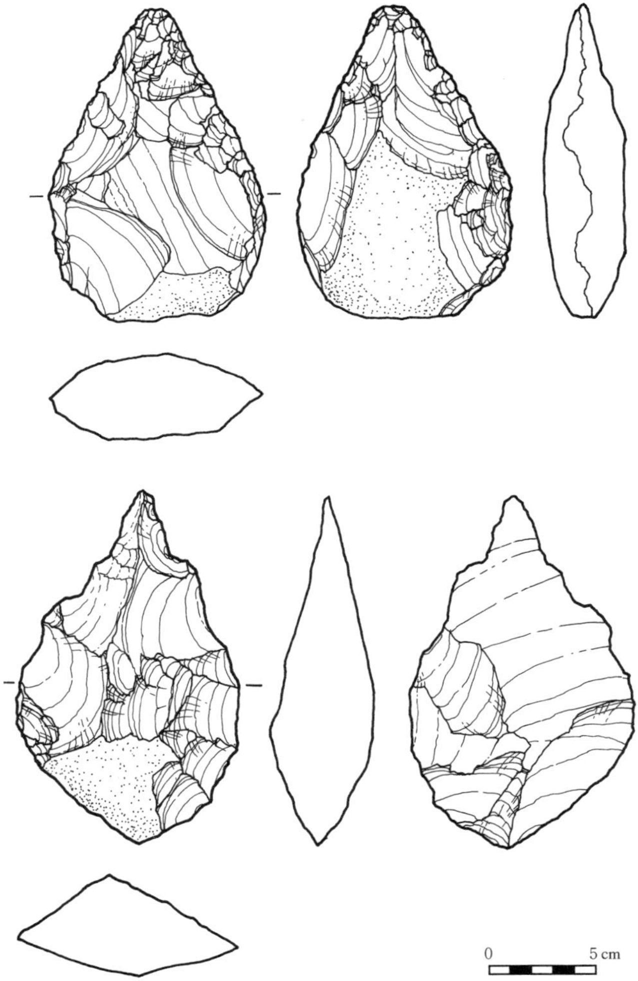

図21　アシュール文化の石器（上：Third Preliminary Report of African Studies 1977より修正　下：Koobi Fora Research Project vol. 5　1997より修正）

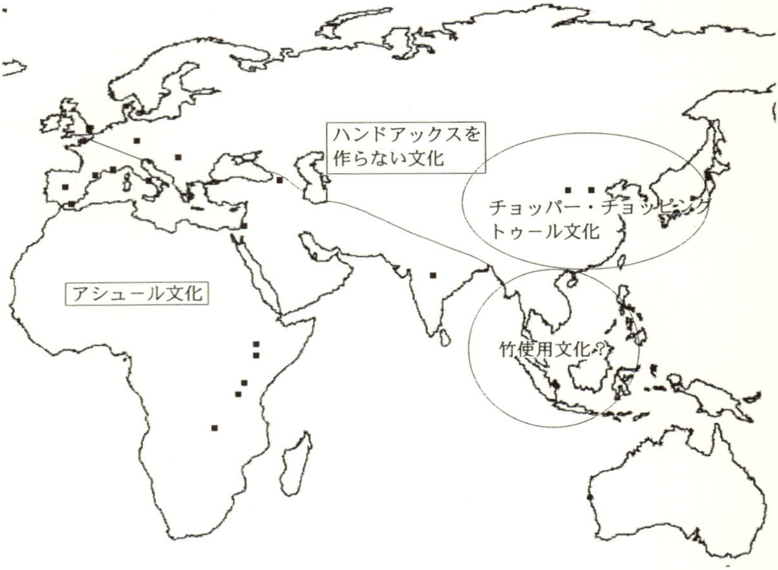

図22　アシュール文化と同時代の遺跡（180万〜20万年前）

でつづく。150万年もの間、石器のつくり方に特別な変化はなく、これはオルドヴァイ文化に変化がなかったのと共通している。しかし、アシュール文化末期になると石器が小さくなり、石核の全周縁から剥片を取る円盤技法が出現する。

（2）　チョッパー・チョッピングツール文化

アシュール文化は、170万〜140万年前のアフリカにはじまり、中近東には100万年前、ヨーロッパには50万年前、パキスタンには78万〜40万年前に出現する。ところが、インド以東のアジアでは見つ

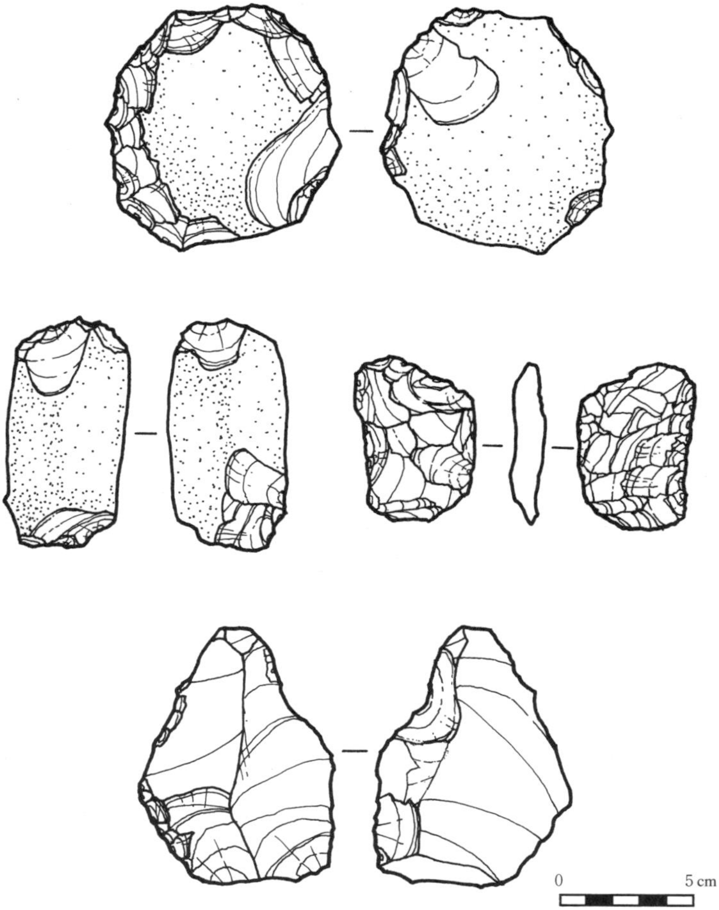

図23　チョッパー・チョッピングトゥール文化の石器（鄭 1974より修正）

かっていない（図22）。

周口店では大量の石器が出ているが、ハンドアックスはなく、洗練されたオルドヴァイ文化のようである（図23）。周口店に代表されるアジアの石器文化をチョッパー・チョッピングツール文化とよぶ。チョッパーとは片面から打撃して刃部をつくった石核石器、チョッピングツールとは両面から打撃して刃部をつくった石核石器である。しかし、じつは、石器の大部分は小型の剥片石器である。

一方、インドネシアでは、人骨はあるものの石器の発見はほとんどない。インドネシアに住んでいたエレクタスは石器をつくらなかったようだ。

インドを境にして西にアシュール文化が、東にチョッパー・チョッピングツール文化が分布するという2大文化圏論は、H. モヴィウス（Movius）が1948年に発表した説である。もっとも、この2文化圏論は、当初考えていたよりも単純ではないことがわかってきた。ハンドアックスに似た両面加工石器は東アジアにもあるし、ヨーロッパにもハンドアックスをつくらず、チョッパーと剥片だけをつくる文化があるからだ。

しかし、それでも、アフリカのエレクタスは150万年間にわたって几帳面にハンドアックスをつくりつづけたが、東アジアのエレクタスはつくらなかった、という傾向は否定できない。なぜ、東アジアにはアシュール文化がないのだろうか。石器文化の分布については、さまざまな説がある。まず、東アジアへの人類の拡散はオルドヴァイ文化期に起こったからというものである。たしかにヨーロッパでも最古の遺跡群からはオルドヴァイ文化の石器が出てくるが、その後、ヨーロッパにはアシュール文化が広がる。東アジアにアシュール文化がないのは、東アジアへの人類の拡散がオルドヴァイ文化期の１度だけで、アシュール文化期には起こらなかったからだろうか。

東アジアにはハンドアックスをつくるのに適した石材がなかった、という説もある。ハンドアックスは玄武岩やフリント、チャートなどの石材でつくることが多いが､東アジアには適当な石がなく、決まったデザインに沿った石器をつくれなかったかもしれない。

石器の役割と環境の関係から説明しようとする立場もある。ハンドアックスはオープンな植生のサバンナで狩猟をするのに適した石器であり、森林地帯の広がる東アジアでは必要なかった、だからつくらなかった、というものだ。東アジアのエレクタスは森林のなかで植物を採集して生活していた。とくに東南アジアでは竹が生えており、この竹を使って道具をつくる木器文化圏だったという説もある。

7　最初のヨーロッパ人

（１）　ヨーロッパ最古の遺跡

19世紀末からエレクタスが発見されていたアジアでは、その後の調査によってエレクタスの拡散が180万年前にさかのぼるかもしれないことがわかってきた。また、東南アジアのエレクタスは、竹などを使って道具をつくり、東アジアのエレクタスは、チョッパー・チョッピングツール文化の石器をつくっていた。

一方、ヨーロッパではアシュール文化の石器は古くから知られていた。しかし、その後の調査が進んでも、100万年前をさかのぼる化石はなく、エレクタスと分類できる化石も乏しい。スペインのグランドリナ、イタリアのセプラノといった遺跡から見つかった化石はいずれも80万年前以降のもので、このうちはっきりとエレクタスと分類できるものはセプラノだけである。したがって、エレクタスがはたしてヨーロッパに移住したのか、エレクタスはアジアへ東進したが、ヨーロッパへは北上しなかったのではないか、ヨーロッパへ移住し、定着したのはエレクタスの後に現れる人類、古代型サピエンスではなかったのか、という疑問がある。

ところが、ヨーロッパには化石はないものの、石器だけが出ている年代の古い遺跡がいくつかある。もっとも年代の古い遺跡はスペインのオルセで、180万年前の地層からオルドヴァイ文化の石器が発見されている。また、フランスのソレイヤック（Soleihac）やル・ヴァロネ洞窟（Le Vallonnet）からは約100万年前の石器が発見されており、イタリアのイセルニア（Isernia）では73万年前の地層からやはりオルドヴァイ文化の石器が発見されている。しかし、人類の居住を証明するには、（1）人の化石、もしくは人が加工したとわかる石器が、（2）年代測定のできる、（3）良好な堆積層から発見されなければならない。100万年をさかのぼる遺跡群がこれらの条件を満たすかどうか、意見がわかれている（図24）。

図24　50万年前を遡るヨーロッパの遺跡

（２）　クラクトン文化

アシュール文化は、アフリカでは170万～140万年前にはじまり、100万年以降になるとほぼすべての遺跡でハンドアックスをつくるようになる。それに対し、ヨーロッパでは、かなり遅れて50万年前からはじまるが、ハンドアックスがある遺跡とない遺跡がある。

ハンドアックスをつくるアシュール文化は、おもにヨーロッパの

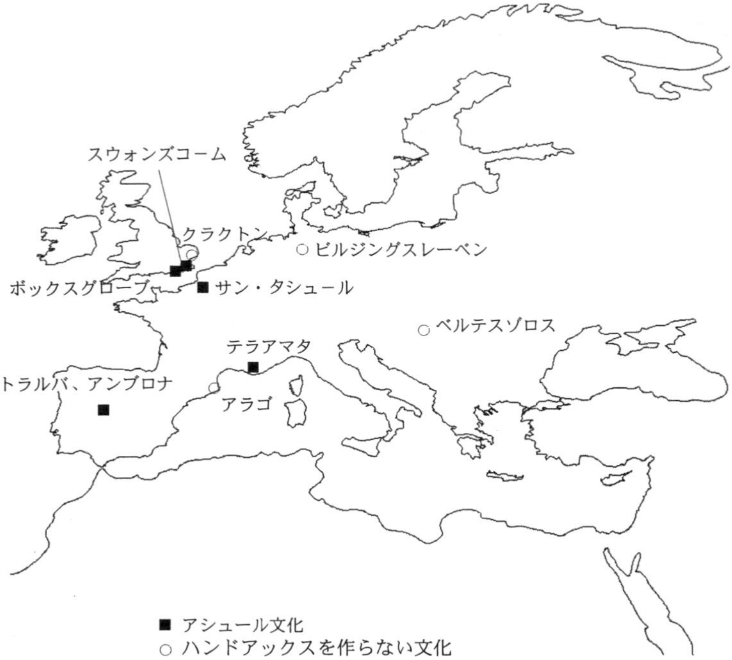

図25　50万～20万年前のヨーロッパの遺跡

南部に広がっている。スペインのトラルバ、アンブロナやフランスのテラアマタ（Terra Amata）などが有名だ（図25）。一方、ハンドアックスをつくらない遺跡は、おもに北西ヨーロッパに広がっている。イギリスのスウォンズコーム（Swanscombe）、ドイツのビルジングスレーベン（Bilzingsleben）、ハンガリーのベルテスゾロス、フランスのアラゴ（Arago）はハンドアックスをつくらなかった代表である。そのなかで、イギリスとフランス北部に広がるハンドアックスをもたない文化を、イギリスのクラクトン・オン・シー遺跡（Clacton–on–Sea）にちなんで、クラクトン文化とよぶ。

アシュール文化とチョッパー・チョッピングツール文化の違いは何か、という疑問についてさまざまな説があるように、アシュール文化とクラクトン文化の違いについてさまざまな考えがある。しかし、西のアシュール文化と東のチョッパー・チョッピングツール文化という大きな分布の違いがあるのに対して、ヨーロッパのアシュール文化とクラクトン文化の遺跡は隣り合って見つかっている場合もあるので、なぜ石器のつくり方に違いが出るのか、うまく説明できない。

石器のつくり方の違いは文化の違いというのが、石器文化の研究のもっとも伝統的な立場である。この考えに立つと、アシュール文化とクラクトン文化の違いは、ハンドアックスをもつ民族ともたない民族という文化集団の違いを示すことになる。もしそうだとしたら、特定の石器文化は特定の場所に分布しないとおかしい。アシュール文化が南ヨーロッパに、クラクトン文化が北ヨーロッパに広がる傾向はあるにしても、アシュール文化とクラクトン文化の遺跡は隣接している場合もあるのだ。

違う石器をつくる遺跡が隣り合って出てくるのなら、石器の違いは人間の活動の違いを示すという考えもできる。ひとつの文化集団が場所によって違う活動をして、それぞれの活動に沿った石器をその場に残したというわけである。この説によると、石器にはそれぞれある特定の機能があるはずで、ハンドアックスも特定の活動に使われたことになる。ところが、アフリカではどこでもハンドアックスをつくっている。アフリカのエレクタスはハンドアックスでいろいろな仕事をしていたはずなのだ。ヨーロッパのハンドアックスはアフリカの多機能ハンドアックスと違って機能が特殊化したのだろうか、という疑問がわいてくる。

クラクトン文化がハンドアックスをつくらないのは、チョッパー・チョッピングツール文化と同じく、ハンドアックスをつくるための大きな石がなかったからという説もある。これは、ベルテスゾロスなどいくつかの遺跡については納得できるのだが、クラクトン・オン・シーではたとえ近くに大きな石があってもハンドアックスをつくらないので、すべてのクラクトン文化にあてはまるわけではない。石器のつくり方の違いはいったい何を示すのか、考古学においてもっとも基本的な問題の答えはまだ見つかっていないのである。

コラム

狩猟採集生活とは

人類の社会は大きく分けて、狩猟採集社会、農耕社会、産業社会という３つの段階をへて現在にいたる。最初の狩猟採集社会とは、野生の動物や植物を直接利用して生計をたてている社会のことである。次の農耕社会とは、動物や植物を人為的にコントロールして、動物を家畜化し植物を栽培して生計をたてている社会のことである。最後の産業社会とは、自然にある太陽エネルギーばかりでなく、化石や核のエネルギーを利用して大規模生産を行う高度に発達した技術社会である。500万年間にわたる人類史のなかで、農耕社会がはじまったのは約１万年前のこと、産業社会が出現したのはせいぜい400年前のことだ。つまり、人類は99%以上の期間、狩猟採集社会に暮らしていたことになる。

しかし、わずか１万年間のあいだに私たちの暮らしぶりはすっかり変わってしまった。１万年前以前の狩猟採集社会では、人口はわずか1000万人程度だったと推定されている。それが、農耕がはじまったとたんにどんどん増えていき、500年前には３億5000万人に達し、現在では60億にまでふくれあがっている。まさに「人口爆発」という言葉にふさわしい現象が、１万年間という短い期間に起こったのである。

現代の産業社会に生きる私たちにとって、狩猟採集社会に暮らし

狩猟した獲物を解体する人（タンザニア：ハッザ族）

根菜を採集する人（タンザニア：ハッザ族）

はちみつを採集する人（タンザニア：ハッザ族）

ていた祖先の生活を理解するのはなかなかむずかしい。遺跡に残された石器や動物の骨にもとづいて過去に暮らしていた人びとの生活を考えるとき、現代に生きる狩猟採集民の暮らしを参考にすることが多い。考古学者が、民族学者のように狩猟採集民の生活を研究して考古学の研究に役立てるという方法を「民族考古学」とよぶ。

たとえば、狩猟採集社会に生きていた人びとは、つねに獲物を追いながらその日暮らしを余儀なくされ、窮々としていた、という否定的なイメージがある。しかし、実際にアフリカのカラハリ砂漠に住む狩猟採集民サンの暮らしぶりをみたところ、農耕民にくらべて労働時間がずっと短いことがわかったのである。また、ブラジルの密林に住む狩猟採集民アチェの食生活をみたところ、彼らはつねに十分なカロリーを摂取できており、私たちよりも栄養状態がよいことがわかった。狩猟採集社会は、貧しくてきびしい社会というわけではないらしい。

最初のヒトの誕生からホモ・サピエンスの出現にいたるまで、ヒトは狩猟採集生活をつづけてきた。私たちの DNA は、狩猟採集生活に根ざしているのだ。私たちが患う病気の75%は農耕社会成立以降に出現した、という指摘さえある。長く停滞していたかにみえる狩猟採集生活は、じつは人類文化の根幹をなしているのである。

第５章　古代型ホモサピエンス（50万－３万年前）

中期更新世に新たな人類進化が起こる。約50万年前に新しい種が誕生するのである。エレクタスにしては頭が大きく、現代人にしては骨が厚くて頑丈すぎる。かつては、エレクタスかサピエンスのどちらかに分類されていたこの移行形態の化石を総称して古代型サピエンスとよぶ。

彼らはもっとも古くから知られているが、もっとも分類のはっきりしない化石人類でもある。古代型サピエンスはエレクタスのように世界中に拡散しているが、いくつかの異なる集団がいたらしい。そのなかでも、はじめに出現する集団をハイデルベーレンシス、後期更新世のヨーロッパに出現する集団をネアンデルタールとよぶ。

古代型サピエンスの起源と進化は複雑である。ヨーロッパに住んでいた集団は、ネアンデルタールに進化するが、アフリカに暮らしていた集団は、やがて現代型サピエンスに進化した。古代型サピエンスはアジアではエレクタスといっしょに暮らしていたし、中近東では現代型サピエンスといっしょに暮らしていた。

古代型サピエンスは、はじめエレクタスの文化を継承していたが、20万～10万年前に独自の中期旧石器文化に移行する。中期旧石器文化は規格性のある剥片をつくる円盤技法を特徴とし、地域性がより多様になった。また、ネアンデルタールは死者を埋葬したり、老人や障害者を介護したり、生存のために必要ではない分野にも踏み込んでいった。

1　発見の歴史

（1）　ネアンデルタールの発見

1856年、ドイツのデュッセルドルフ近郊、ネアンデルタール谷の石灰岩採掘場から化石人骨が見つかった。爆薬で破壊されていたが、頭蓋骨の一部やろっ骨、腰骨、四肢骨の一部が残っていた。この骨を見た当時の人びとは、ケルト人がやってくる前にこの地に住んでいた蛮族の骨ではないかと考えた。

当時、ヨーロッパの人びとの生活を支配していたキリスト教世界観では、地球上の生物は神がつくったもので、最初から今の形で存在しており、変化するものではないと考えられていた。現代人以外のヒトが存在するとは誰も考えていなかったのである。じつは化石人骨が発見されたのはネアンデルタール谷が最初ではなかった。1829年にはベルギーで、1848年にはジブラルタルで化石が見つかっていたのだが、その意義はよく理解されていなかった。しかし、1859年、ダーウィンが『種の起源』という本で「進化」という考えを発表したことで、化石は突然注目を浴びるようになる。

ネアンデルタールは、現代人より大きな頭をしているが、その骨ははるかに分厚くて原始的である。ダーウィンの支持者だったT. ハクスレー（Huxley 1825－1895）は、ネアンデルタールの化石をみて、頭の大きさから、ネアンデルタールはヒトと類人猿の中間ではなく、ヒトであると考えた。1864年、W. キング（King）は、ネアンデルタールはヒトの仲間であるが現代人とは違うと考えて、ホモ・ネアンデルターレンシスと命名した。一方、ネアンデルタールを認めない研究者もいた。当時、病理学の権威だったR. ウィルヒョウ（Virchow 1821－1902）は、ネアンデルタールは遠い時代に生きていたヒトではなく、病気を患って骨が変形した現代人であると考えた。

さらに、1886年になって、ベルギーのスピー（Spy）からネアンデルタール谷の化石とまったく同じような頭蓋骨が２つ発見された。絶滅した動物の化石と石器もいっしょに見つかったので、ネアンデルタールは奇形の現代人ではなく、遠い昔に生きていたヒトであることが証明されたのである。

また、フランスの南西部にあるドルドーニュ地方では、1860年代からたくさんの石器が発見され、考古学研究のメッカとなっていた。やがて1908年、ラ・シャペル・オ・サンから化石が発見されたのを皮切りに、ル・ムスティエ、ラ・フェラシー、ラ・キナとネアンデルタールの完全な頭蓋骨が次々と発見された。

しかし、当時の人類学は未熟で、先史時代人への偏見も強かった。化石を分析した古生物学者M. ブーレ（Boule 1861－1942）は、ネアンデルタールは現代人のようにまっすぐな姿勢も取れず、きちんと歩けず、知性も劣っていたと考えた。この考えは当時の社会に広く受け入れられ、ネアンデルタールは長い間、科学的に正しく理解されることはなかったのである。

（2） 先ネアンデルタールの発見

1907年、ドイツ、ハイデルベルグ郊外のマウエル（Mauer）から、顎の骨が見つかった。年代ははっきりとわからないが、いっしょに出てきた動物の種から判断すると、50万年前くらいである。頑丈なつくりだが、歯は小さくて、ネアンデルタールとは違っていた。一応、ホモ・ハイデルベーレンシスと名付けられたが、エレクタスとどう違うのか、長い間、論議をよぶことになる。

その後、マウエルと似た化石は、ヨーロッパにかぎらず、世界中から発見されるようになった。1921年には、北ローデシア、現在のザンビアのブロークン・ヒル（カブウェともいう。Broken Hill/Kabwe）にある鉛や亜鉛の採掘場から、石器や動物の骨といっしょにヒトの化石が見つかった。25万〜13万年前の「ローデシア人」とよばれるこの化石は、脳容量が1280ccとエレクタスより大きく、骨は分厚くてネアンデルタールのようだが、四肢骨がサピエンスのように細くてまっすぐに伸びていた。

アジアからも古代型サピエンスは見つかっている。1931年から32年にかけて、ジャワのガンドンから11個体の化石が発見された。この化石は「ソロ人」とよばれ、アジアのエレクタスにも、ヨーロッパのネアンデルタールにも似ていた。

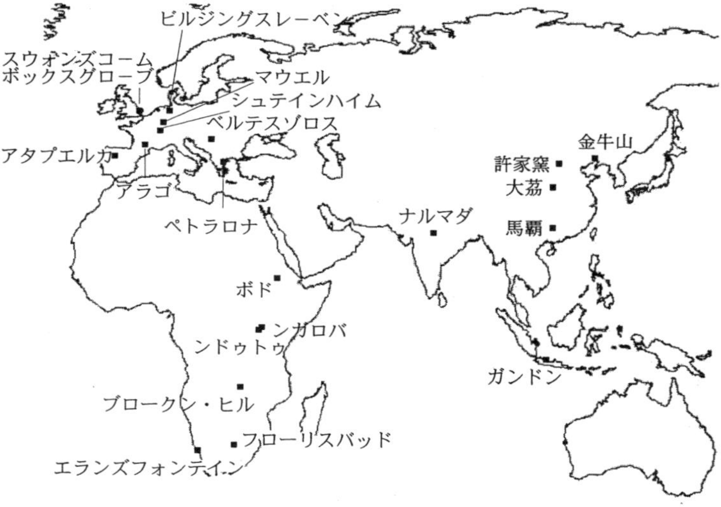

図26　古代型サピエンス（ネアンデルタールを除く）の遺跡

これら、エレクタスとサピエンスの中間形態を示すヒトを、ネアンデルタールも含めて、一般に古代型サピエンスとよんでいる。また、ネアンデルタールが出現する以前に生きていた古代型サピエンスを、マウエルの化石にならって、ホモ・ハイデルベーレンシスとよぶ研究者もいる。

2　古代型サピエンスの分布

（1）　古代型サピエンス

古代型サピエンスは西ヨーロッパで最初に発見されたが、その仲間はアフリカ、ヨーロッパ、アジアと広く世界中に住んでいた（図26）。

古代型サピエンスの化石がもっとも豊富に見つかっているのはヨーロッパである。ドイツのマウエル（約70万～40万年前）とビルジングスレーベン（約28万年前）の化石は、年代が離れているものの、よく似ている。イギリスのボックスグローブ（約50万年前）の頸骨はアシュール文化の石器といっしょに見つかっている。他にはギリシアのペトラロナ（Petralona、約50万年前）、フランスのアラゴ（約30万年前）、ハンガリーのベルテスゾロス（約21万～16万年前）の化石が有名だ。エレクタスのあとに現れるこれらの化石を、ホモ・ハイデルベーレンシスとよぶ研究者もいる。

アフリカの古代型サピエンスとしては、1921年に発見されたザンビアのブロークン・ヒル（約25万～13万年前）の「ローデシア人」がもっとも有名である。他にも、南アフリカのエランズフォンテイン（Elansfontein、約30万年前）、タンザニアのンドゥトゥ（Ndutu、約40万～20万年前）、エチオピアのボド（Bodo、年代不明：中期更新世）がある。このうち、ボドの頭蓋骨には石器で付けられた痕があり、なんらかの埋葬儀礼が施されたのかもしれない。

アジアの古代型サピエンスとしては、ジャワのガンドンから発見された「ソロ人」が有名である。さらにインドのナルマダ（Narmada）からは、アシュール文化の石器といっしょに化石が見つかっている。中国では、大茘（約23万～18万年前）、許家窯（約12万５千～10万年前）、馬覇（約14万～11万９千年前）、金牛山（約26万年前）から化石が出土している。いずれも、周口店から出土したエレクタスと現代型サピエンスの両方によく似た古代型サピエンスである。しかし、周口店ではエレクタスが約23万年の地層から見つかっており、中国ではエレクタスと古代型サピエンスが同じ時代に生きていたらしい。

（２）ネアンデルタール

ネアンデルタールはおもにヨーロッパに暮らしていたが、中近東やカスピ海をこえた地域まで進出した（図27）。ネアンデルタールの東限は、1938年に発見された、ウズベキスタンのテシク・タシ（Teshik Tash）である。

中近東からも、タブン（Tabun、約18万～12万年前）、ケバラ（Kebara、約６万年前）、アムッド（Amud、約４万５千年前）など、多くの化石が見つかっている。ところが、ネアンデルタールが住んでいたのと同じ頃、現代型サピエンスもスフール（Skhūl，約12万～10万年前）とカフゼ（Qafzeh、約10万～８万年前）から発見されている。つまり、ネアンデルタールが暮らしていたところへ現代型サピエンスが現れ、しばらくいっしょに暮らしていたが、その後現代型サピエンスは消えてネアンデルタールだけが残った、ということになる。

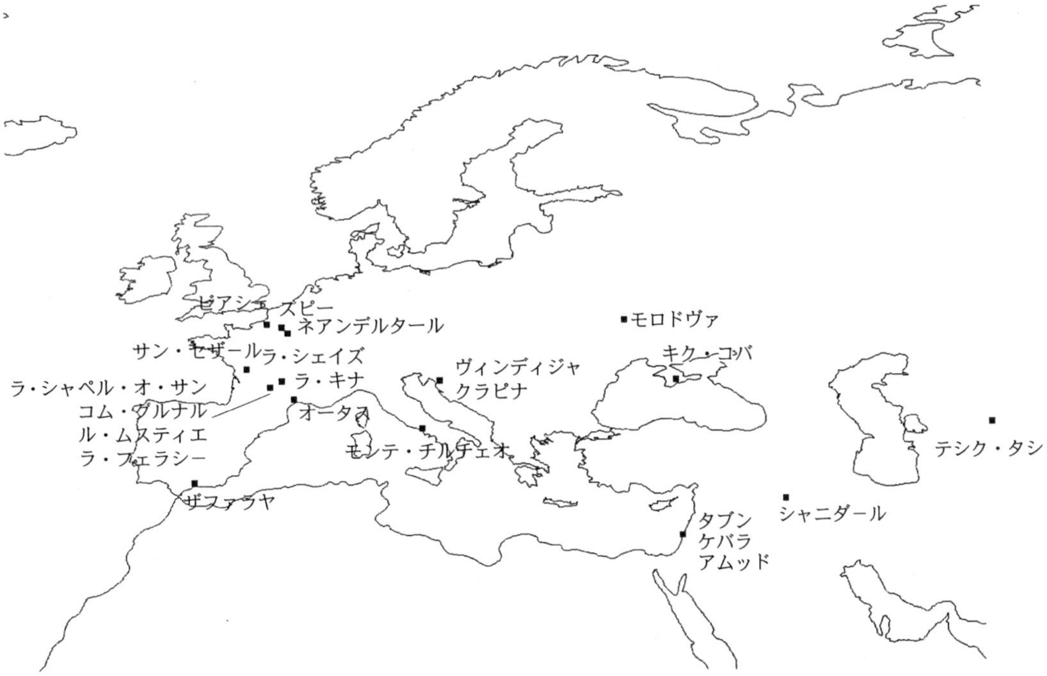

図27　ネアンデルタールの遺跡

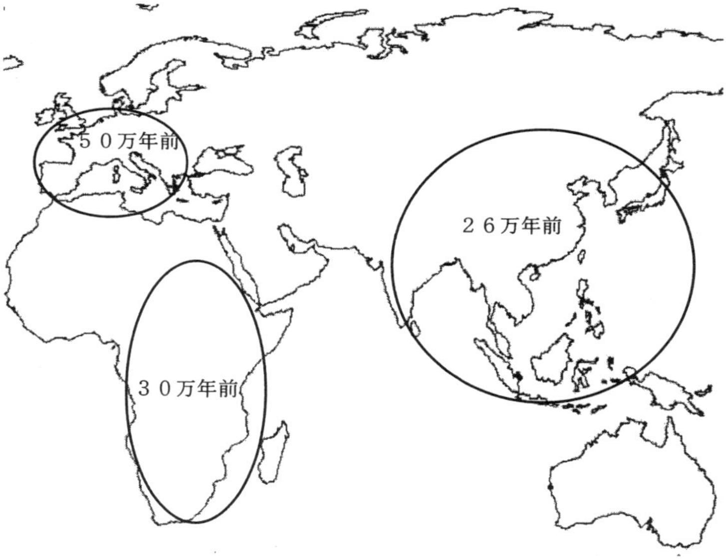

図28　古代型サピエンスの出現

３　古代型サピエンスの起源と進化

（１）　古代型サピエンス

最初の古代型サピエンスはヨーロッパで約50万年前に現れ、アフリカには約30万年前、アジアには約26万年前に現れる（図28、29）。年代だけを見ると彼らはヨーロッパ起源で、そこから世界中に拡散したようにも見える。しかし、ヨーロッパ、アフリカ、アジアの集団は、それぞれ特徴がある。したがって、古代型サピエンスは、世

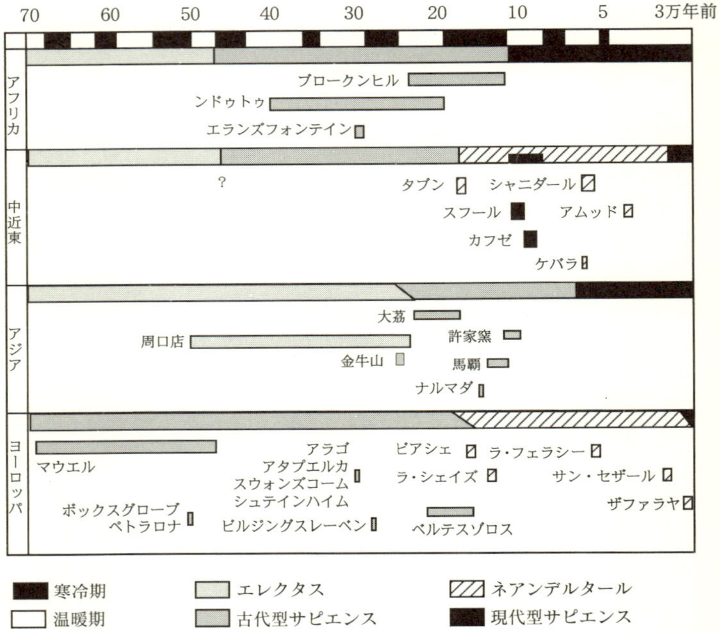

図29　人類遺跡（50万～３万年前）の年代

界の各地でそれぞれにエレクタスから進化した可能性もある。

約30万年前になると、ヨーロッパの古代型サピエンスの一部に、ネアンデルタールの特徴をもつ化石が現れる。イギリスのスウォンズコームとドイツのシュテインハイム（Steinheim）から見つかった30万～20万年前の化石がその代表である。さらに、1992年、スペインのアタプエルカ（Atapuerca）から約30万年前の古代型サピエンスの化石が32個体も見つかった。ネアンデルタールの特徴があり、ヨーロッパでは30万年前からネアンデルタールへ進化がはじまっていた証拠である。

一方、アフリカの古代型サピエンスは、ヨーロッパの古代型サピエンスに特徴は似ているものの、ヨーロッパの集団と違って、ネアンデルタールではなく、現代型サピエンスに進化する。

また、アジアの古代型サピエンスは、周口店のエレクタスや現代型サピエンスによく似ている。他の地域集団からの影響を受けずに、アジア内で起源して、進化したと主張する研究者が多い。

（2） ネアンデルタール

ネアンデルタールは古代型サピエンスのなかでもはっきりとした特徴がある集団である。約30万年前のヨーロッパで、古代型サピエンスの1部にネアンデルタール化がはじまる。酸素同位体段階5（12万8千～7万8千年前）の温暖期には、他の古代型サピエンスは消えてネアンデルタールだけが住むようになる。

もっとも古いネアンデルタールは、フランスのビアシェ（Biache）の約17万5千年前、ラ・シェイズ（La Chaise）の約15万年前である。9万～3万5千年前の化石にははっきりとした共通の特徴があり、古典的ネアンデルタールとよぶ。古典的ネアンデルタールはヨーロッパだけでなく、ユーラシア西部や中近東まで拡散していった。

しかし、ネアンデルタールは3万年前に突然、姿を消してしまう。ヨーロッパの最西端、スペインのザファラヤ（Zafarraya）から見つかった3万年前の化石が最後のネアンデルタールである。ユーラシア西部や中近東まで制圧して繁栄していた彼らは、なぜ絶滅してしまったのだろうか。

ネアンデルタールと現代型サピエンスとの関係は、謎が多い。1981年にフランスのサン・セザール（Saint Cesaire）で、3万2千年前のネアンデルタールの化石が後期旧石器文化の石器とともに見つかった。ヨーロッパ南西部では、4万2千年前からネアンデルタールが後期旧石器文化の石器をつくっており、これをシャテルペロン文化という。現代型サピエンスが出現する前に、ネアンデルタールが現代型サピエンスの石器製作技術をまねていたのである。

ネアンデルタールは、現代型サピエンスよりも、寒冷気候に適応しており、筋力にまさっていた。サン・セザールのように、現代型サピエンスの石器製作技術をまねる文化適応力もあった。その彼らが現代型サピエンスに征服されて絶滅したのだろうか。しかし、大規模な戦争が起こった形跡はまったくないのだ。

それとも現代型サピエンスと混血して吸収されたのだろうか。東ヨーロッパのヴィンディジャ（Vindija）から見つかった4万年前のネアンデルタールには現代的な特徴があり、同じ遺跡の上の地層から見つかった現代型サピエンスにはネアンデルタールの特徴がある。東ヨーロッパではネアンデルタールと現代型サピエンスが混血していたかもしれない。

ところが、1997年、ミュンヘン大学のチームが、ネアンデルタールと現代人の混血はなかったという説を発表した。1856年に発見されたネアンデルタール谷の化石からDNAを抽出し、現代人とくらべたところ、両者はかなり違っていたという。共通祖先は65万〜55万年、つまり、古代型サピエンスの出現以前にさかのぼる。ネアンデルタールは、現代型サピエンスとはまったく違う進化の道をたどって、絶滅したのだという。

独自の文化をもって広い範囲に栄えていたネアンデルタールは、なぜ突然消えてしまったのだろうか。ネアンデルタールの絶滅をめぐる論争は、しばらくつづきそうである。

4　古代型サピエンスの特徴

（1）　古代型サピエンス

古代型サピエンスの特徴は、大脳化である（図30）。エレクタスの脳容量が1000cc 以下だったのにくらべて、古代型サピエンスでは1390cc と大きくなっている。しかし、頭蓋骨そのものは、頑丈で分厚いつくりをしており、華奢なつくりの現代人とは違っていた(図31)。一方、彼らの体重や身長は、エレクタスや現代人と同じである（表４）。

古代型サピエンスは、アフリカ、ヨーロッパ、アジアと広く世界中に住んでいたので、それぞれの地域特有の特徴がある。ヨーロッパの初期の集団（ハイデルベーレンシス）はかなりエレクタスに近く、後期の集団はネアンデルタール的である。一方、アフリカの初期の集団はおたがいにそっくりで、ヨーロッパの集団にも似ているが、後期の集団はヨーロッパとはまったく違い、現代的である。ま

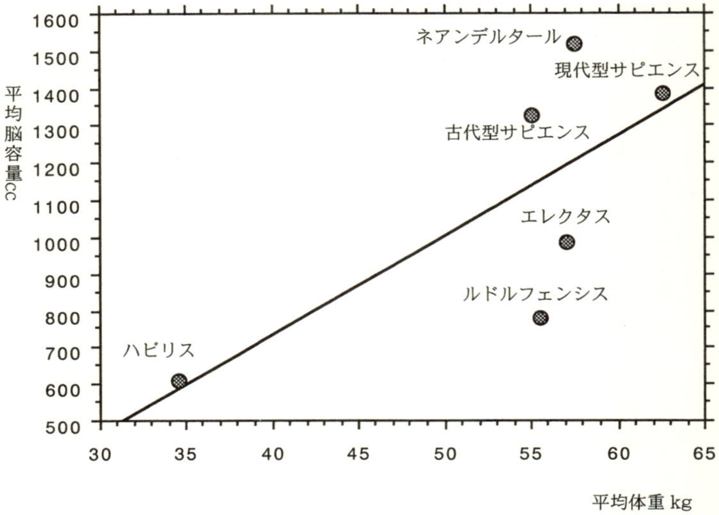

図30　ヒト属の体重と脳容量の関係

た、アジアの集団は、一貫して周口店のエレクタスや現代型サピエンスによく似ている。

（2）　ネアンデルタール

ネアンデルタールは、脳容量が1520ccと、さらに大きくなるのが特徴である。彼らはヒトのなかでもっとも大脳化が進んだ集団だ。寒冷地に住む人びとは、新陳代謝を高めるために脳が大きくなることが知られている。ネアンデルタールの大きな頭も、寒冷気候への適応だったかもしれない。頭蓋骨の形も独特で、眉上突起が強く、額はうしろへ傾斜して、後頭部がはりだしている（図32）。

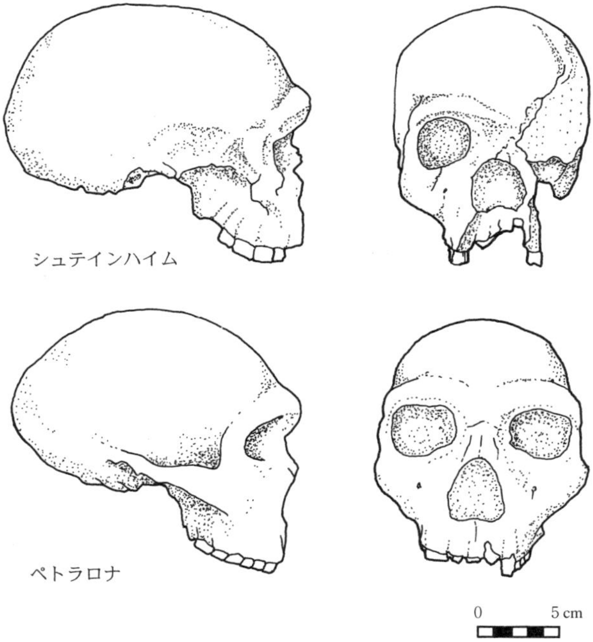

図31　古代型サピエンス（Klein 1999　より修正）

表４　古代型サピエンスの脳容量と体重

	年代（万年前）	脳容量 レンジ（㎤）	脳容量 平均（㎤）	体重 男性／女性（kg）	身長（cm）
H. エレクタス	180—20	750—1251	988	63／52	145～185
古代型サピエンス	50—10	1100—1750	1390	50～75	150～185
ネアンデルタール	13—３	1200—1750	1520	50～65	150～170

（McHenry 1994より修正）

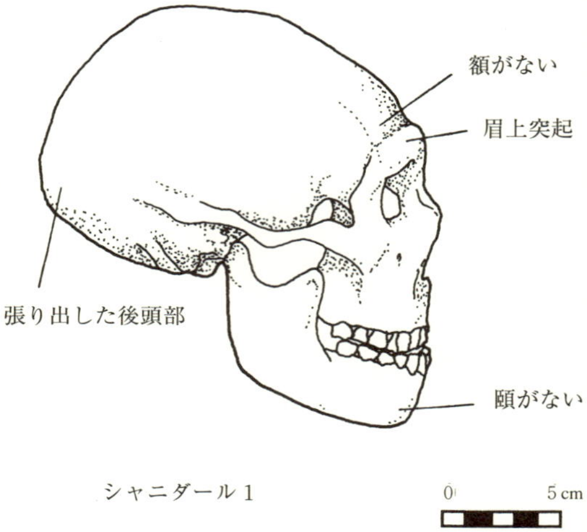

図32　ネアンデルタール（Klein 1999　より修正）

四肢は短くやや曲がっており、頑丈な骨をしていた。四肢の長さは気候に関係しており、寒いところに住む人は熱を身体に蓄積させるように、四肢が短くなる（アレンの法則）。ネアンデルタールの身体は寒い土地に住むのに適していたのである。

また、はっきりした証拠はないが、寒冷適応のひとつとして、皮膚の色が薄くなることが挙げられる。もともと赤道直下で生まれた人類は、紫外線を遮断するために、メラニン色素が多くて暗い色の皮膚をしていた。紫外線は大量に浴びると皮膚癌などの原因になるが、まったく浴びないと今度はビタミンＤ欠乏になり、脚気などの障害を引き起こす。現代社会では脚気は大した病気ではないが、狩猟採集社会ではうまく歩けないと生業活動に参加できない。紫外線の少ない高緯度地方に住む人は、紫外線を取りこむ必要があったので、皮膚の色が明るくなっていっただろう。

5　氷河の時代

（1）　4つの氷河期

更新世は氷河の時代である。過去に寒さのきびしい氷河期が何度かあり、その氷河期の間に暖かな間氷期が存在していたことは、19世紀のスイスの地理学者、A. ペンケ（Penck）とE. ブルックナー（Brückner）が発見していた。彼らはアルプス山脈のふもとに広がるモレーン丘陵と河岸段丘を調べて、過去に4つの氷河期があったと考えた。地元の川の名前にちなんで、古い方から順に、ギュンツ、ミンデル、リス、ヴュルム氷河期と名付け、各氷河期の間の暖かな時期をギュンツ・ミンデル、ミンデル・リス、リス・ヴュルム間氷期と名付けた。

（2）　酸素同位体段階

ところが、研究が進むにつれて、寒い時期は4回どころではなく、寒い時期と暖かな時期が時計の振り子のように何度も訪れていたことがわかってきた。過去の環境の証拠は深い海底に眠っている。海底の堆積物をボーリングして取りだして分析すると、過去の気候の変遷がわかるのだ。

海水の量が減ると、海水の塩分濃度は増加する。塩分濃度が増え

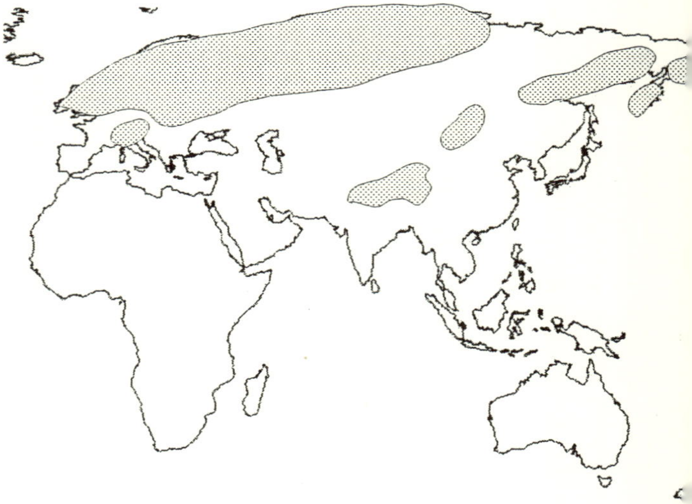

図33　寒冷期の氷河の分布（Price and Feinman 1997より修正）

ると、酸素の同位体である酸素16（^{16}O）と酸素18（^{18}O）の比が増大する。この変化は、深海底に堆積した有孔虫の殻をつくる炭酸カルシウムのなかに、酸素同位体の比として記録されている。

更新世の寒冷期と温暖期は、酸素同位体段階として数字で表す。奇数番号は海面上昇期（温暖期）、偶数番号は海面低下期（寒冷期）に相当する。

（3）　氷河期の世界

現在、氷河は南極や北極、グリーンランドなどの高緯度地帯や、ヨーロッパやアジアの高地にかぎられており、陸地の10%にしか満

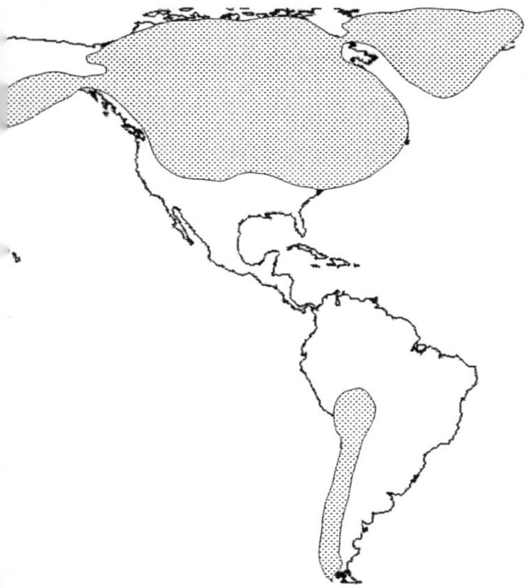

たないが、過去の寒冷期には陸地の30％が氷河に覆われていた。氷河は現在のカナダのすべてを覆い、アメリカ中央部まで伸びていたし、ヨーロッパではスカンジナビア半島はもとよりオランダ、ドイツ、ポーランドなどヨーロッパ北部は氷河に覆われていた（図33）。これらの地域では当然、人類は住めなかったわけである。その一方、最寒期には海水位が現在より150～100mも低下し、それまで海面下にあった土地が陸上に姿を現した。当時の人類はこの海岸線沿いでも暮らしていたはずだが、彼らの生活の痕跡は、現在では海面下に沈んでいるのである。

（４） 氷河期はなぜ起こる

気候は寒くなったり、暖かくなったり、ある一定の周期で変わっていく。1920年代、ユーゴスラビアの数学者M. ミランコビッチ(Milankovitch)は、気候の変化は地球の軌道の変化が原因と考えた。地軸と軌道のわずかなずれが地上に届く太陽光線の量や分布に影響し、中緯度地帯で１年のうちに季節が変化するように、10万年、４万年、２万年という決まった周期で寒冷期と温暖期が交互に訪れると予測した。ミランコビッチの周期は海底ボーリングの酸素同位体分析結果とほぼ一致している。

約１万年前に氷河期が終わり、現在まで暖かな時期がつづいている。しかし、氷河期はこれで終わったのか、それとも今は新たな氷河期を迎える間氷期にあたるのか、誰にもわからないのである。

6　古代型サピエンスの時代と環境

（１） 25万年前の世界

古代型サピエンスの生きていた時代は、酸素同位体段階13から３にあたり、環境が激しく変化した時代だった。25万年前、世界は酸素同位体段階７の温暖期だった。当時のヨーロッパ南部は、草原と森林が入り交じるウッドランドが広がっていた。北部はツンドラ地帯で、動物がたくさんいた。しかし、サピエンスが住むには寒すぎたらしく、彼らはヨーロッパ南部にとどまっていたようだ。

アジアでも、冬きびしく夏乾燥する中央アジアはさけて、南へと人類は広がっていった。中近東からジャワにかけて、さらには中国中央部まで北上するが、古代型サピエンスの居住した地域はエレクタスとほぼ同じだった。

もっとも人口が多かったのはおそらくアフリカ大陸である。サバンナ地帯は群集性草食獣が多く、地球上もっともバイオマスが高い地域である。雨期と乾期の違いはあるが、食物がどこにあるかは予測できるし、年間を通じて供給量は安定しているという環境である。人類はもともとアフリカのサバンナに適応して進化してきたし、古代型サピエンスにとってもサバンナは暮らしやすい環境だったはずだ。

（２）　寒冷化の影響

ところが、20万年前になると急速に寒冷化が進んだ。酸素同位体段階６（18万６千〜12万８千年前）がはじまったのである。人類が中緯度地方に住むようになって、はじめて経験する寒冷期である。高緯度地帯は氷河に覆われ、中緯度地帯はウッドランドからツンドラやステップにかわった。ヨーロッパでは、人が居住していた証拠である化石や遺跡が消える。きびしい寒冷化に耐えられず、人口が激減したのだろう。酸素同位体段階６の寒冷期が終わると、ヨーロッパではそれ以前にいた古代型サピエンスは消えてしまい、ネアンデルタールだけが住むようになった。

ヨーロッパでは人が暮らせなくなるほどのきびしい寒冷化が起こっていたが、アフリカでは気温の低下と降水量の増加で、サハラやカラハリといった砂漠地帯が草原地帯になった。また、熱帯雨林のコンゴ盆地では、砂漠とは逆に乾燥化が進み、密生した森林が植生のまばらなウッドランドに変わっていった。

熱帯雨林では季節差がないので、根にエネルギーを貯える根菜類がない。木が密生しているので、群れをつくる動物も棲まない。食物の分布は一定しているが、バイオマスは低く、年間を通じて供給量は低いという環境である。これが植生のまばらなウッドランドになると、食物となる動物が増えて住みやすくなる。アフリカは以前にもまして暮らしやすくなり、酸素同位体段階6の寒冷期には、この大陸に世界人口の半数以上が集まっていたかもしれない。

（3） 現代型サピエンスの誕生

やがて酸素同位体段階5（12万8千～7万8千年前）の温暖期になり、私たちと同じ現代型サピエンスがアフリカと中近東に登場する。この時期、人類の分布はとても複雑である（図34）。ヨーロッパにはネアンデルタールだけが、中近東にはネアンデルタールと現代型サピエンスがいっしょに住み、アフリカでは現代型サピエンスが、アジアでは古代型サピエンスが住んでいたのである。

（4） 寒冷化とネアンデルタールの拡大

ところが、次の酸素同位体段階4（7万8千～6万4千年前）の寒冷期になって、現代型サピエンスは中近東から消えてアフリカに撤退する。温暖期に誕生した彼らは寒冷化に耐えられなかったよう

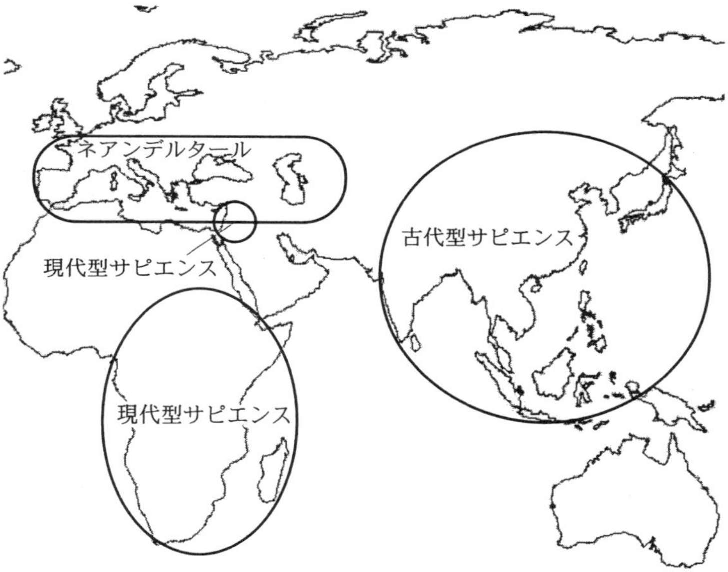

図34　10万年前の世界

である。寒冷化に拍車をかけたのは7万5千年前に起こったスマトラのトバ山の大爆発である。これは更新世最大の爆発で、トバの火山灰はインドまで広がり、上空に吹き上げた火山灰は太陽光線を遮り気温は低下した。

この寒冷期に繁栄したのがネアンデルタールである。ヨーロッパと中近東はネアンデルタールの世界となり、アフリカは寒冷に適応できない現代型サピエンスの避難場所となった。東南アジアの古代型サピエンスはトバ山爆発の影響を受けて人口が減少したかもしれないが、そもそも化石が少なくて当時の状況はわからない。

酸素同位体段階３（６万４千～３万２千年前）の温暖期には、世界の各地で中期旧石器文化から後期旧石器文化へ移行が起こる。これを最後としてネアンデルタールを含む古代型サピエンスが絶滅するのである。

7　古代型サピエンスの食生活

サピエンスの特徴は大脳化である。脳は他の器官にくらべて、エネルギーがたくさん必要である。私たちの脳は、体重のわずか２％にすぎないが、20%のエネルギーを消費してしまう。大脳化の進んだサピエンスは、エレクタスよりも多くのエネルギーが必要だったのである。

もうひとつの特徴は、彼らの一部は寒冷期に中緯度地帯に住んでいたことである。低緯度サバンナ地帯と違って中緯度ステップ地帯は年間の気温差があり、食物の分布や量が季節によって激しく変動する。群集性草食獣は多いものの、冬の間は植物がなくなってしまう。植物が欠乏する間、どうしても、動物を食べなければならなかったはずである。「毎日採集、ときどき狩猟」をしていたエレクタスにくらべて、寒冷地に住むサピエンスは季節的にではあっても「毎日狩猟」の日々を送っていただろう。

彼らが積極的なハンターだった証拠に、寒冷期のユーラシアの遺跡からは動物の骨がたくさん見つかっている。たとえば、ネアンデルタールの残した遺跡、フランスのコム・グルナル（Combe Grenal）

では、馬の骨が大量に出土している。その年齢構成を調べたところ、野生の群の年齢構成とまったく同じだった。つまり、馬を群ごと追い込んでしとめる狩猟をしていたらしい。追い込み猟は１人ではできないので、集団で協力しながら狩猟を行っていたことがわかる。

また、古代型サピエンスは、魚も食べるようになっていた。フランスのラザレ（Lazaret）では、マス、スズキ、コイなどの骨が見つかっている。近くの河から、淡水魚をとっていた証拠である。海岸ちかくの遺跡、テラアマタでは、動物も狩猟していたが、カキやカラスガイなどの貝類や魚もとっていた。中国の12万年前の遺跡、丁村でも、魚や貝を盛んにとっていた証拠がある。

一方、森林地帯に住んでいた古代型サピエンスは、動物が少ないので、植物採集が中心の生活をしていたはずである。しかし、植物は遺跡に残りにくいので、古代型サピエンスの採集活動を詳しく伝えてくれる証拠がない。

8　古代型サピエンスの社会

サピエンスは大脳化が進んでいるので、子どもの成長はますます遅くなり、育児の負担が増えていったはずである。ホームベースでの食物分配は、あたり前になっていたと想像できる。しかし初期の古代型サピエンスの社会が、エレクタスの社会とどのように違っていたのか、具体的な証拠はない。

後に出現するネアンデルタールは、自分や種の生存に関係のない、非実用的な行動をするようになっていた。彼らの残した遺跡には、抽象的な思考や、おたがいを助け合いながら生活していた証拠が残っている。

（1） 住居

寒い土地に住む人びとは長い時間をかけて身体を気候に適応させただけでなく、寒冷地に住むために技術を用いてさまざまな工夫をするようになった。彼らは洞窟や岩蔭など寒さをしのげる場所を選んで住んでいた。さらに、自然景観のなかで居心地のよい場所を選択するだけでなく、風や雨を防いで暖かさを保てる住居を自分でつくるようになった。フランスのテラアマタでは海岸の近くに建てた約30万年前の住居趾が見つかっているし、約12万５千年前のラザレでは、洞窟のなかにさらに住居をつくっていた。

ネアンデルタールの時代には、大がかりな住居を建てるようになっていた。ウクライナのモロドヴァⅠ（Moldova Ⅰ）では、マンモスの骨を10×７ｍのだ円形に並べた住居が見つかっている。そのなかには炉があり、炉のまわりには石器や動物の骨がたくさん散らばっていた。マンモスの骨を建材とする住居としては、４万４千年前のモロドヴァⅠは最古の例である。

ネアンデルタールの遺跡のほとんどに炉の趾があり、火の使用が一般的だったことがわかる。火は暖をとるだけでなく、社交の場も提供する。メンバーが火のそばに集まり、仕事をし、食事をし、眠ったりして、メンバーどうしが強く結びついていったと想像できる。

（２）　埋葬

ネアンデルタールは死者を埋葬していた。ネアンデルタール谷、スピー、ラ・シャペル・オ・サンなど、初期に発見されたネアンデルタールはきちんと埋葬されていたのだが、発見当時はまったく注意されることがなかった。しかし、その後もネアンデルタールの墓は各地で続々と見つかっている。ネアンデルタールにとって、死者を弔うことはあたり前のことだったらしい。

1912年から34年にわたって調査されたフランスのラ・フェラシーは約６万年前の洞窟遺跡だ。長さ26mの洞窟内にネアンデルタールの成人男女と５、６歳の子どもが３人、さらに乳幼児１人の計６体が埋葬されていた。ロシアのキク・コバ（Kiik Koba）では1924年、子どもと成人男性の埋葬が発見された。墓は太陽の軌道にそって東西方向につくられており、ネアンデルタールは膝を曲げた姿勢で埋葬されていた。1938年に発見されたウズベキスタンのテシク・タシでは子どもが埋葬されており、墓にヤギの角が副葬品として捧げられていた。ネアンデルタールの埋葬としてもっとも有名なのはイラクのシャニダール（Shanidar）である。洞窟からネアンデルタールの墓が見つかったのだが、洞窟内の土を分析すると、色鮮やかな花をつける種の花粉が墓の付近に集中していた。６万年前のネアンデルタールは死者を弔うために花を捧げたらしい。

（３）　介護

ラ・シャペル・オ・サンから発見された化石は老人のもので、おそらく狩猟には参加できなかったと考えられる。歯が２本しかなく、食物をうまく咀嚼できなかったはずで、誰かが食物を食べやすくして与えていただろう。また、シャニダールからは身体障害を負ったネアンデルタールの化石が発見されている。生まれつきか、もしくは子どものときの事故のため、片方の腕しか動かなかったが、40歳代まで生きていた。このように、介護の必要な人が天寿をまっとうして亡くなった例がいくつかある。ネアンデルタールの社会は老人や障害者を見捨てる社会ではなかった。

（4） 暴力

しかし、死者を弔ったり、介護の必要な老人や障害者を世話をする一方で、ネアンデルタールの暴力的な面をうかがわせる証拠もある。スフールの化石は大腿骨から腰骨に達する傷を負っていたし、シャニダールではろっ骨を負傷しており、ネアンデルタール谷では右ひじを負傷している。動物を狩猟する際にあやまって負傷したとも考えられるが、３例とも身体の左側を負傷しており、右利きの人との戦闘によって負傷した可能性もある。

（5） 儀礼

エチオピアのボドから出土した古代型サピエンスの頭蓋骨には、石器で肉をこそげ落としたような傷跡がたくさんついており、なんらかの埋葬儀礼が施されたのではないかと考えられている。

また、ネアンデルタールの遺跡には、儀式的行為をうかがわせる例がいくつかある。スロベニアのクラピナ（Krapina）は1899年に発見された10万～５万年前の遺跡だが、少なくとも20体以上のネアンデルタールの骨が粉々に破かれて散乱している。ネアンデルタールには脳みそや骨髄を取りだして食べる食人風習があったと騒がれたのだが、冷静に考えると、人肉を食べたのか、それともただ骨を粉砕するという埋葬儀礼なのか区別がつかない。さらに、人為的に粉砕されたわけではなく、洞窟の岩盤崩落によって骨が砕けたのかもしれない。

クラピナによく似た例は他にもある。1965年に発見されたフランスのオータス（Hortus）ではネアンデルタールの破片が動物の骨といっしょに散乱していたし、1939年に発見されたイタリアのモンテ・チルチェオ（Monte Circeo）では大頭後孔が不自然に広げられたネアンデルタールの頭蓋骨が見つかっている。ネアンデルタールが同胞の肉を食べたのか、単なる埋葬儀礼なのか、それともハイエナにネアンデルタールが食べられたのか、などと議論されている。

9　古代型サピエンスの道具使用

（１）　中期旧石器時代

初期の古代型サピエンスは、エレクタスと同じ石器をつくっていた。アシュール文化やチョッパー・チョッピングツール文化などの前期旧石器文化を継承するのである。やがて、20万から10万年前の間に新たな中期旧石器文化が起こり、約４万年前までつづく。

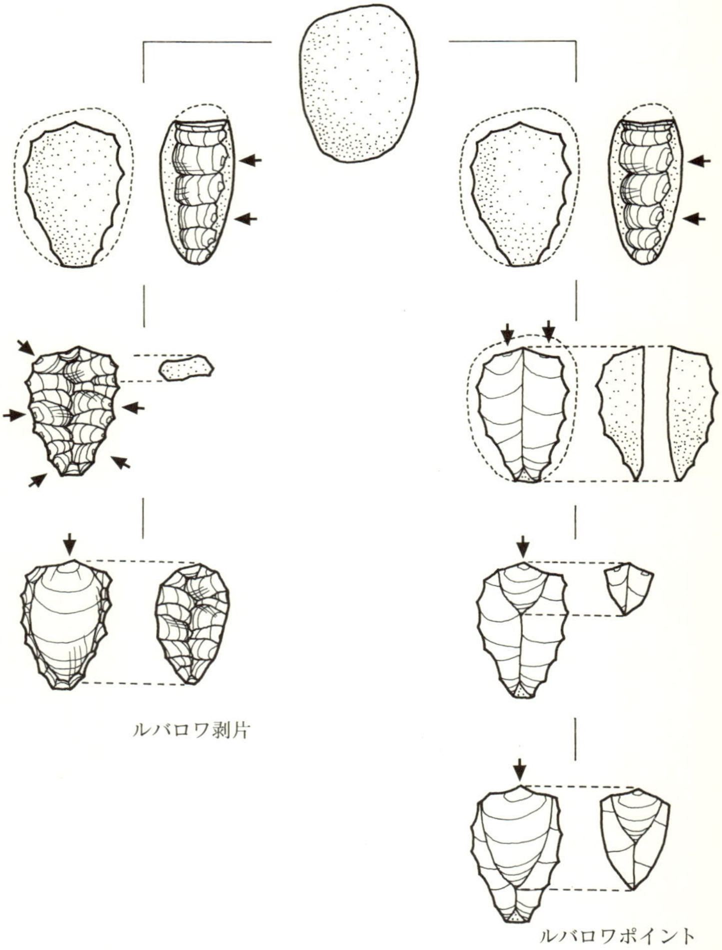

図35　ルバロワ技法

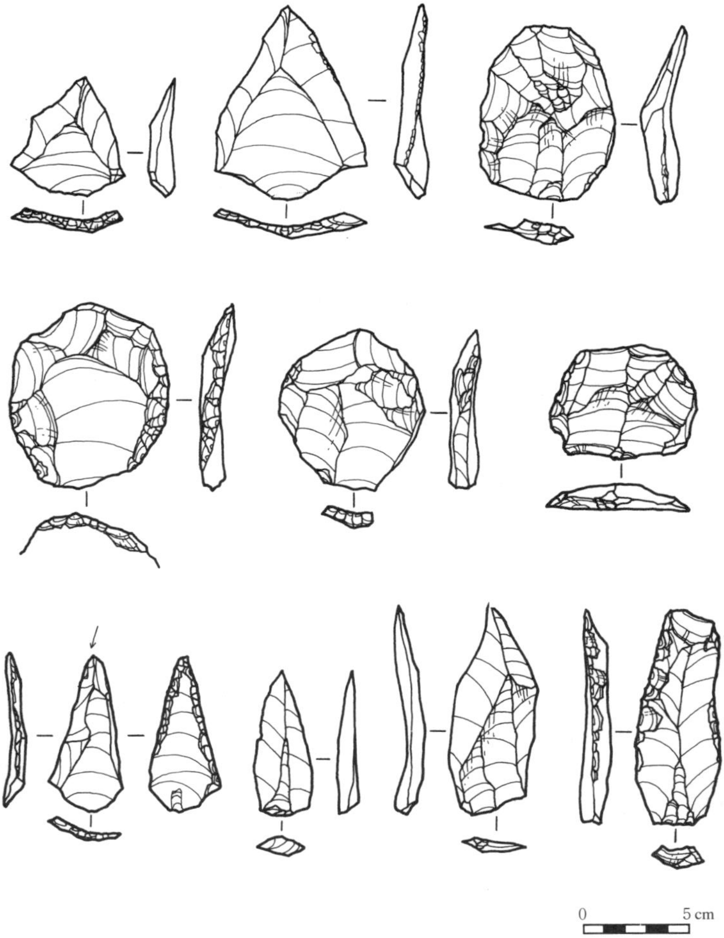

図36　ムスティエ文化の石器（大津・常木・西秋 1997より修正）

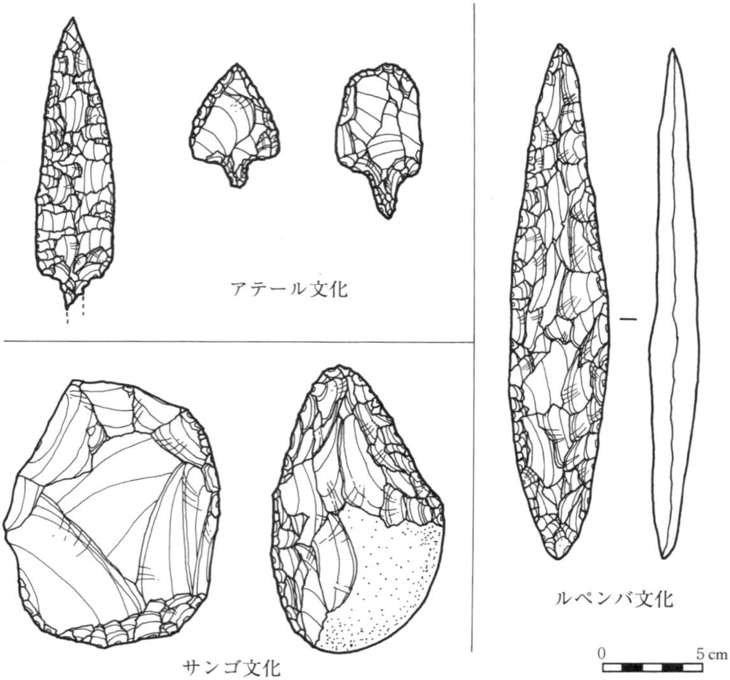

図37　アフリカの中期旧石器文化の石器（Phillipson 1993より修正）

中期旧石器文化は、石器のつくり方で定義されている。石核の周縁を１周するように剥片を取る円盤技法が特徴である。円盤技法では、まず石核の形を整えて、次にサイズや形があらかじめ決まった剥片を取る。剥片はさらに二次加工して形や刃部を整える。アシュール文化では定型的な石核石器をつくったが、中期旧石器時代では定型的な剥片石器をつくるようになる。

円盤技法の代表はルバロワ技法である。ルバロワ技法はまず、石核の周縁を打ちかいて形を整える。さらに石核の全面を中心にむかって打ちかいてつくった剥片をルバロワ剥片、縦に長く打ちかいてつくった、先の尖った剥片をルバロワポイントとよぶ（図35）。ルバロワ技法が発達したのはネアンデルタールの住んでいた地域でおもにヨーロッパと中近東であるが、遠くバイカル湖まで広がった。フランスのル・ムスティエ洞窟にちなんでこの文化をムスティエ文化とよぶ（図36）。

（2）　アフリカ

前期旧石器時代にはハンドアックスをつくるか、つくらないかの区別しかなかったが、中期旧石器時代になると、さまざまな形をした石器をつくるようになり、石器製作の地域化が進んだ。北アフリカでは、つまみのある石器をつくり、つまみの部分を棒に装着して使っていた。この文化をアテール文化とよぶ（図37）。

アフリカの中央部から東にかけては、アシュール文化が消えた後、重量のある石核石器をつくるサンゴ文化が栄えた。サンゴ文化は短命で、その後、東アフリカのサバンナ地帯では円盤技法のアフリカ中期旧石器文化（MSA）が、中央アフリカの森林地帯では長い大型尖頭器をつくるルペンバ文化が栄えた。森林地帯では木を切り倒したり加工するために重量のある石核石器の伝統がつづいたが、サバンナ地帯では大型石器の出番はなく、剥片石器が多くつくられたのである。

（3） アジア

酸素同位体段階6（18万6千〜12万8千年前）には中国でも円盤技法が登場する。しかし、前期旧石器時代から中期旧石器時代への移行は、アジアと他の地域では違っていた。アフリカやヨーロッパでは、ハンドアックスの製作から円盤技法による剥片石器の製作へとはっきり変化するのに対し、中国では、チョッパー・チョッピングトゥール文化の伝統に円盤技法が少し加わるといった程度である。

中国の北部ではチョッパーやチョッピングトゥールなどの石核石器が減って、定型的な剥片をつくるようになる。南部では円盤技法はなく、チョッパー・チョッピングトゥール文化の伝統がつづく。一方、エレクタスの時代には石器をつくらなかった東南アジアでも、この時期には石器をつくるようになっていた。しかし、礫から剥片を取るだけで、規格性のないオルドヴァイ文化のような石器だった。

10　石器はなぜ違う

1859年、ダーウィンが『種の起源』を発表した年、ド・ペルシェ（De　Perthes）はフランスのアヴヴィーユ（Abbeville）で絶滅した動物の化石とともに石器を発見していた。これがヨーロッパにおける先史学研究のはじまりである。また、フランスの南西部にあるドルドーニュ地方ではたくさんの石器が見つかり、19世紀末から考古学研究のメッカとなっていた。1908年、ラ・シャペル・オ・サンからネアンデルタールの化石が発見されたのを皮切りに、ル・ムスティエ、ラ・フェラシー、ラ・キナと重要な発見がつづいた。ネアンデルタールの化石といっしょに発見された石器は、ルバロワ技法を特徴とするムスティエ文化の石器であった。ムスティエ文化は、石器を形で分類して研究する石器形態学の基礎となった。

1953年、F. ボルド（Bordes 1919－1981）はムスティエ文化の石器のタイプリストを発表した。彼は、石器の形とつくり方にもとづいて63タイプに分類し、それぞれのタイプの出現率の違いで石器群を、（１）シャランティアン－a）キナ、b）フェラシー、（２）典型的ムスティエ、（３）アシューレアン伝統のムスティエ、（４）デンティキュレイト－ムスティエ、のグループに分類した。問題は、この分類したグループは何を示しているのか、ということだ。

石器のつくり方の違いは文化の違いというのが、ボルドの考えであり、石器文化研究のもっとも伝統的な立場である。この考えに立つと、ムスティエ文化の時代には４～５つの異なる文化集団が同じ場所に暮していたことになる。しかし、石器のつくり方は文化の違いという前提が、いつの時代でもどこの地域でも正しいとはかぎらないし、確かめるすべがない。

L. ビンフォード（Binford）は、石器にはそれぞれ違った機能があると考えている。ムスティエ文化のネアンデルタールはいろいろな道具をもっていた。仕事にあわせて、その道具箱から目的にあった道具を選んで使ったのである。石器タイプの出現率が遺跡によって違ったり、同じだったりするのは、その場所で行われた活動が違ったり同じだったりしたためと考えた。しかし、どういう仕事にどの種類の道具が結びつくのか、はっきりと例をあげて説明できないのが問題だ。ある石器には特定の機能があるかもしれないが、どのようにも使える多目的、多機能石器もある。また、違う形をしているが、同じはたらきをする石器もあるからだ。

P. メラーズ（Mellars）は、石器タイプの出現率の違いは年代の違いを示すと考えている。各グループの遺跡を年代順に並べると、古い方から（1）デンティキュレイト－ムスティエと典型的ムスティエ、（2）シャランティアン－フェラシー、（3）シャランティアン－キナ、（4）アシューレアン伝統のムスティエという順になったのである。しかし、これでは、もっとも年代の新しいグループが、年代の古いアシューレアンの伝統を引く石器群となってしまい、納得がいかない。

H. ディブル（Dibble）は、石器のタイプは固定したものでなく、使いつづけるうちに形が変化していくと考えている。石器はつくられ、使われ、すぐに捨てられるものではない。長く使われて、包丁の刃を研ぐように再生されて再利用されて最後に捨てられる。最初につくられたときと最後に捨てられたときではまったく違う形をしていたかもしれない。石器タイプの出現率が遺跡によって違うのは、このライフサイクルの段階が違う石器が残るためと考えた。しかし、すべての石器タイプがひとつのライフサイクルのなかにおさまるのだろうかという疑問が起こる。

石器の形やつくり方の違いは何を示すのか。石器群の違いはなぜ起こるのか。つくり手の文化か、石器の機能か、人間の活動か、遺跡の年代か、石器のライフサイクルか。考古学においてもっとも基本的な問いの答えはまだ見つかっていない。

第６章　現代型ホモサピエンス（13万年前～）

約13万年前に、古代型サピエンスから私たちと同じ種、現代型サピエンスが誕生する。現代型サピエンスの起源についてはアフリカ単一起源説と多地域進化説という２つの説がある。彼らはしばらく古代型サピエンスとともに暮らしていたが、やがて古代型サピエンスは絶滅して、３万年前には現代型サピエンスが地球上唯一の人類になる。彼らはそれまで足を踏み入れたことのないオーストラリアや陸化したベーリング海峡を経てアメリカ大陸へもわたり、地球上のほぼすべての陸地に広がっていった（図38）。

現代型サピエンスは、はじめ古代型サピエンスの文化を継承していたが、やがて４万年前に独自の後期旧石器文化に移行する。後期旧石器文化は、石刃の大量生産と骨角器の製作が特徴である。世界各地で地域性のある文化圏が生まれて、どんどん変化していった。また、生活に必要な道具ばかりではなく、非実用的な装飾品や絵画、彫刻も創り、抽象的思考や芸術性が開花した。

図38　現代型サピエンスの遺跡

1　発見の歴史

（1）　クロマニヨン人の発見

1868年、フランスのドルドーニュ地方のクロマニヨン洞窟から、石器や孔をあけた貝殻や動物の歯といっしょに人骨が見つかった。埋葬されていたこの化石は、私たちと同じ骨格をしていたので、先祖としてすぐに認められた（表５）。３万５千年前から１万年前までヨーロッパ南西部に住んでいた現代型サピエンスの集団をクロマ

表５　現代型サピエンスの脳容量と体格

	年代（万年前）	脳容量レンジ（㎤）	脳容量平均（㎤）	体重（kg）	身長（cm）
古代型サピエンス	50—10	1100—1750	1390	50〜75	150〜185
ネアンデルタール	13—３	1200—1750	1520	50〜65	150〜170
現代型サピエンス	13—	1000—2000	1330	40〜70	140〜185

（McHenry 1994より修正）

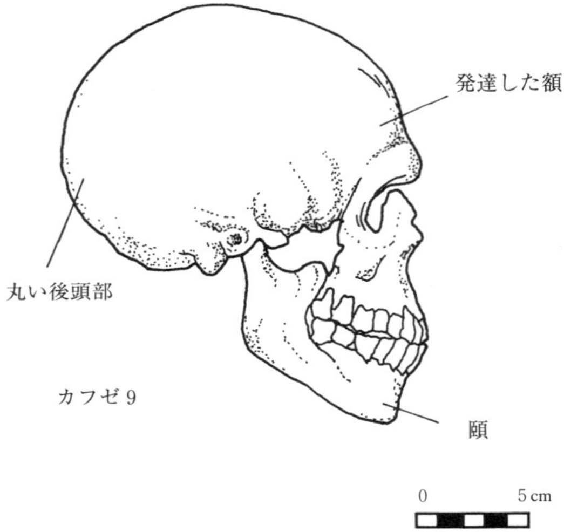

図39　現代型サピエンス（Klein 1999　より修正）

ニヨン人という。

クロマニヨン人はネアンデルタールとは骨格も違うし、つくる石器もまったく違っていた。ネアンデルタールは眉上突起が強く、頤(おとがい)がなく、額が後ろへ傾斜しており、とても頑丈である。一方のクロマニヨン人は華奢なつくりをしており、おとがいが突きだし、額が垂直にはりだしていた（図39）。クロマニヨン人の石器は細長い剥片ばかりで、ネアンデルタールのつくる三角形の剥片とは違っていた。ムスティエ文化をもったネアンデルタールと、まったく異なる文化や技術をもったクロマニヨンが約３万５千年前に入れ代わるのである。ヨーロッパの研究者はこれを人類進化のモデルと考え、ネアンデルタールのいない他の地域でも、ネアンデルタールに似た仲間から３万前にクロマニヨンと同じ現代型サピエンスに入れ代わるものと信じていた。

（２）　中近東

ところが、世界各地で研究が進むにつれて、進化の図式はそう単純ではないことがわかってきた。イスラエルでは1930年代から調査が行われ、タブンやアムッド、ケバラからはネアンデルタールが、スフール、カフゼからは現代型サピエンスが見つかっていた。これらは12万～４万年前の遺跡で、当初はネアンデルタールからサピエンスへ進化するものと考えられていた。しかし、さまざまな方法で年代測定がくり返された結果、タブンのネアンデルタールは18万～12万年前、スフールとカフゼの現代型サピエンスはそれぞれ12万～10万年前、10万～８万年前、ケバラとアムッドのネアンデルタールは６万～５万年前という複雑な状況になったのである。つまり、ネアンデルタールが住んでいたところへ、12万～８万年前になって現代型サピエンスが現れて、ネアンデルタールと同じ地域に住み、同じ石器をつくっていたのである（図40）。

（３）　アフリカ

さらに、アフリカではもっと早くから現代型サピエンスが現れていた兆候がある。1924年にはスーダンのシンガ（Singa）から古代型と現代型の中間のような化石が見つかっていた。これによく似た化石は、1932年に南アフリカのフローリスバッド（Florisbad）、1967

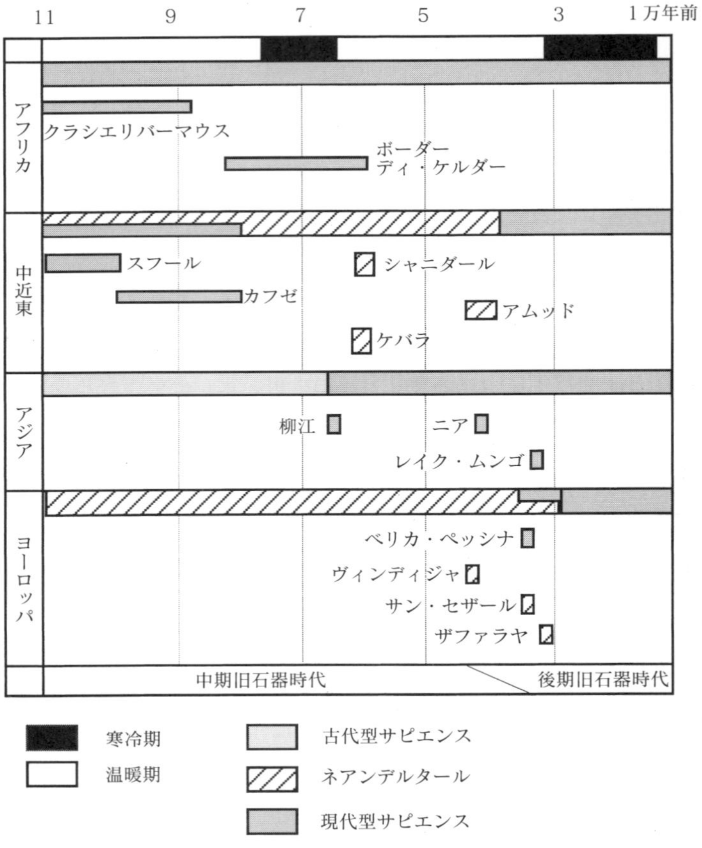

図40　人類遺跡（13万～1万年前）の年代

年にエチオピアのオモ、1978年にタンザニアのンガロバ（Ngaloba）でも見つかった。この中間タイプの化石は約13万～10万年前のものだが、発見当初はどう分類するのかわからず、あまり注目されなかったのだ。

明らかに現代型サピエンスとわかる化石は、1972年、南アフリカのクラシエリバーマウス（Klasies River Mouth）の11万～9万年前の地層から見つかっている。アフリカの現代型サピエンスは古代型サピエンスと同じアフリカ中期旧石器文化（MSA）をもっていた。南アフリカでは他にもボーダー洞窟（Border）やディ・ケルダー洞窟（Die Kelder）から8万5千～6万年前の現代型サピエンスが見つかっている。ヨーロッパにネアンデルタールがいた時代に、アフリカでは古代型から現代型サピエンスへと進化がはじまっていたのである。

2　現代型サピエンスの分布

ここで、世界各地のサピエンスの分布をまとめてみよう。まず、もっとも早く出現するのが、アフリカである。13万年前から現代型サピエンスのような化石がアフリカ各地で見つかっており、南アフリカのクラシエリバーマウスでは、11万～9万年前にサピエンスが現れる。

イスラエルのスフール、カフゼでは12万～8万年前にサピエンスが現れる。彼らはネアンデルタールといっしょに同じ地域で暮らしており、ネアンデルタールと同じムスティエ文化の石器をつくっていた。しかし、8万年前以降はこの地域から姿を消し、この地にふたたび現れるのは3万7千年前のことである。

中近東よりやや遅れてサピエンスがアジアに現れる。中国の柳江で6万7千年前、ボルネオのニア洞窟（Niah）では4万年前の化石が見つかっている。さらに5万2千年前には海をこえてオーストラリアのアーネムランド（Arnhemland）に到達している。サピエンスは南下するばかりでなく、高緯度地帯に向けて北上した。3万年前にはバイカル湖付近に、1万8千年前にはシベリアのジュクタイ（D'uktai）に、さらに1万4千年前にはカムチャツカ半島のウシュキ（Ushuki）に到達する。

サピエンスの出現が旧世界でもっとも遅いのはヨーロッパだ。ベリカ・ペッシナ（Velika Pecina）から見つかった3万4千年前のサピエンスがヨーロッパ最古のサピエンスである。彼らは東から西へと進んで行ったらしい。ヨーロッパは遺跡が多いにもかかわらず、これより古い化石はなく、サピエンスの出現は他の地域にくらべて明らかに遅い。これはエレクタスがアフリカとアジアで早く、ヨーロッパには遅れて現れるのとまったく同じパターンである。

サピエンスが最後に到達したのが新大陸、アメリカである。新大陸は現在ではベーリング海峡を隔てて旧大陸と分断されているが、寒冷期には海水位が下がり、ベーリンジアという陸地が現れた。新大陸最古の遺跡は不思議なことに、ベーリンジアから遠く離れた南米の1万3千年前のモンテ・ベルデ（Monte Verde）である。1万

１千年以降の遺跡はアメリカ中から見つかっている。

世界各地でサピエンスが現れる年代をくらべると、アフリカ、中近東、中緯度アジア、オーストラリア、ヨーロッパ、シベリア、アメリカの順になる。オーストラリアとアメリカはそれ以前に人類が住んでいなかったので、隣接地域から移住してきたことが明らかだ。サピエンスはアフリカに生まれて、そこから世界各地へ広がったのだろうか、それとも、世界各地でその地に暮らしていた古代型サピエンスから進化してきたのだろうか。

3　現代型サピエンスの起源

（１）　多地域進化説

現代型サピエンスの出現する以前に、すでに古代型サピエンスが世界各地に暮らしていた。各地に住んでいた古代型サピエンスから現代型サピエンスがそれぞれ進化したという立場を多地域進化説という（図41）。

古代型と現代型サピエンスの中間形態の化石が各地で見つかっていることが、この説の根拠である。イスラエルのスフールとカフゼから見つかった化石は現代型サピエンスだが、古代型の特徴ももちあわせている。また、クロアチアのヴィンディジャで出土した４万２千年前のネアンデルタールには現代化の特徴があるし、上層で現れる現代型サピエンスにはネアンデルタールの特徴が残っている。アフリカでも13万〜10万年前の化石は古代型と現代型の両方の特徴

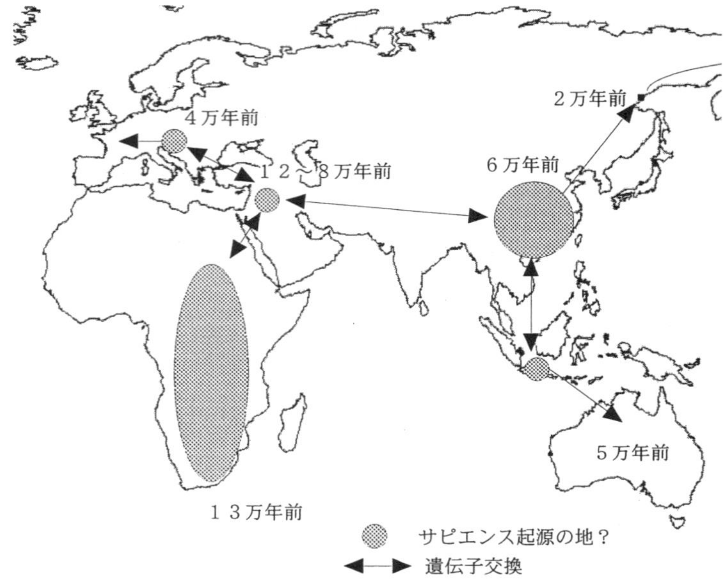

図41　現代型サピエンスの拡散（多地域進化説）

を合わせもっている。そして、もっとも強硬にこの多地域進化説を主張するのは東アジアの研究者である。アジアのサピエンスにはアジアのエレクタスからつづく特徴があり、アジアで進化したものと考えている。

多地域進化説によると、現在の私たちは、遠い祖先であるエレクタスや古代型サピエンスから進化したもので、彼らの遺伝子を引き継いでいることになる。しかも、その進化は約13万年前にアフリカで最初に起こるが、その後世界中で古代型から現代型サピエンスへ

進化する。世界のあちこちで、同じ進化が起こるので、集団間の遺伝子交換が頻雑に起こっていなければならない。

（2）　アフリカ単一起源説

現代型サピエンスは各地でそれぞれ進化したという多地域進化説に対し、アフリカで生まれて世界中に広がったとする考えをアフリカ単一起源説という。現代型サピエンスが現れるのがアフリカでいちばん古く、その他の地域がずっと遅いことと、現在生きている私

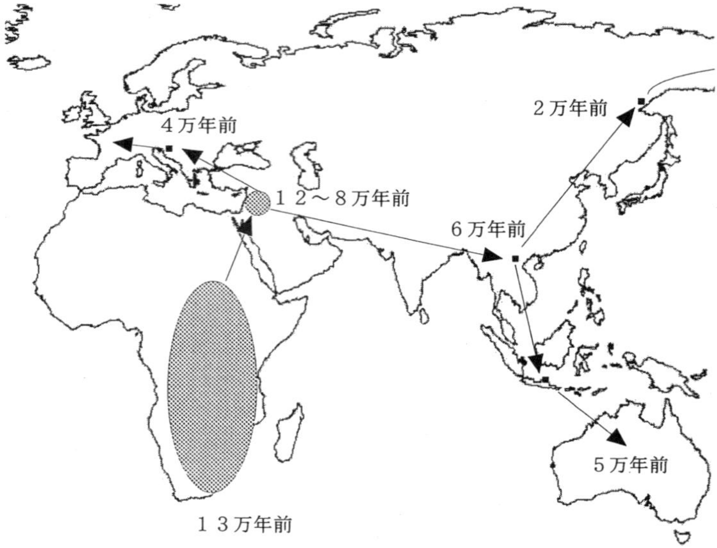

図42　現代型サピエンスの拡散（アフリカ起源説）

たちの遺伝情報を使ったDNA分析が、この説の根拠である（図42）。

DNA分析にはいろいろな方法があるが、もっとも有名なのが1987年に発表されたミトコンドリアDNA分析である。ミトコンドリアDNAは女性だけが継承する遺伝子である。この分析によると、（１）アフリカ人はもっとも遺伝子タイプが多様である、（２）遺伝子のバリエーションにもとづいて系統樹をコンピューターでつくると、アフリカ人だけのグループと非アフリカのすべての集団を含むグループの２つに大別できる、（３）各集団の分岐は、アフリカと非ア

フリカの分岐がもっとも早い。したがって、年代を計算すると、世界各地の女性の系統は20万～15万年前にアフリカに生きていた女性にたどり着くという。

1987年に発表されたミトコンドリア DNA 分析には、系統樹をつくる際のシュミレーションや突然変異の起こる率の計算方法に欠陥があった。しかし、他の研究者が違う方法で追試しても、やはり私たち現代人はアフリカ起源との結果が出るという。アフリカ単一起源説によると、現在の私たちは、エレクタスや古代型サピエンスとは遺伝的に遠い存在である。アフリカの古代型サピエンスは現代型サピエンスに進化したが、世界各地にいた古代型サピエンスは絶滅して、アフリカからやってきた現代型サピエンスに入れ代わったのである。

4　現代型サピエンスの時代と環境

（1）　現代型サピエンスの出現

現代型サピエンスの出現した13万年前から現在にいたる時代は、酸素同位体段階５から１にあたる。現代型サピエンスは、酸素同位体段階５（12万８千～７万８千年前）の温暖期にアフリカに誕生する。彼らはアフリカだけでなく、中近東にも現れる。アフリカ起源の熱帯動物相といっしょに見つかっているので、現代型サピエンスは動物とともにアフリカから中近東へと拡散したらしい。

この時期、人類の分布はとても複雑である。ヨーロッパにはネアンデルタールだけが、中近東にはネアンデルタールと現代型サピエンスがいっしょに住み、アフリカでは現代型サピエンスが、アジアでは古代型サピエンスが住んでいたのである。

やがて、酸素同位体段階４（７万８千～６万４千年前）の寒冷期に移行すると、現代型サピエンスは中近東から消えてアフリカに撤退する。温暖期に誕生した現代型サピエンスは寒冷化に耐えられず、アフリカは寒冷に適応できない現代型サピエンスの避難場所となった。

一方、この寒冷期に繁栄したのがネアンデルタールである。彼らはヨーロッパのみならず中近東やユーラシア西部まで広がっていった。中近東では、ヨーロッパ的な寒冷動物相といっしょに見つかっているので、ネアンデルタールは動物とともに、ヨーロッパから拡散したらしい。

やがて、酸素同位体段階３（６万４千〜３万２千年前）の温暖期をむかえて、アフリカ大陸にとどまっていた現代型サピエンスが世界中に広がっていく。彼らはアジアはもちろん、海をこえてオーストラリアにもたどり着く。３万７千年前には中近東にふたたび登場し、３万４千年前には東ヨーロッパに現れる。

サピエンスが拡散する一方で、寒冷気候に適応したネアンデルタールは酸素同位体段階３の末期に衰退し絶滅する。世界の各地で現代型サピエンスが古代型と交代し、中期旧石器文化が消滅して後期旧石器文化へ移行する。

（２）　最終寒冷期のサピエンス

酸素同位体段階２（３万２千〜１万３千年前）の寒冷期のうちで、もっとも寒さがきびしかったのは約１万８千年前である。氷河は陸地の30％を覆い、高緯度地帯では気温が今より15度、低緯度地帯でも10〜５度低かった。海水面は今より140m も低く、ベーリング海峡は陸化して旧大陸と新大陸はつながっていた。氷河の南にはツンドラや北方森林タイガが広がり、さらにその南にはステップが黒海から中央アジア、中国まで広がっていた。

もっとも寒さのきびしいこの時期に、現代型サピエンスは北緯60度を突破して極寒のシベリアへ進出する。温暖期に誕生した現代型サピエンスは、もともと寒冷気候に弱かった。しかし、東アジアに住んでいた後期の現代型サピエンスは、凍傷を防ぐように顔が平たんになるなど、寒冷気候に適応していた。また、彼らは環境を克服するための狩猟や生活技術をもっており、きびしい気候に対して文化的にも適応をとげた。高緯度地帯に進出した彼らは、さらに陸化したベーリング海峡をとおって新大陸アメリカへ渡り、あっという間に南米大陸の端までたどりつくのである。

（３） 氷河期の終わり

１万３千年前には、現代型サピエンスは、地球上のほぼすべての陸地に住みついていた。やがて寒冷期が終わりを告げ、だんだんと暖かくなりはじめる。気候の不安定な時期を経て、１万２千年前には地球全体が温暖期へとむかっていく。

海水位が上昇して、地形は変わっていった。ベーリング海峡が現れて、新大陸と旧大陸は離れた。東南アジアでも海進が進み、ボルネオ、スマトラ、ジャワが東南アジア半島から離れてそれぞれ島となった。東アジア大陸とつながっていた北海道も、この時期に大陸からきり離された。

ステップやツンドラ地帯が森林地帯に入れ代わり、それに応じて、マンモスやトナカイなど寒い場所に適応した大型獣から、暖かい森林に棲む小型獣に変わっていった。旧石器時代は、地球の温暖化とともに終わり、１万年前には各地で中石器時代へと移行する。

5　現代型サピエンスの食生活

（1）　狩猟採集民の生活

現代型サピエンスは地球上のほぼすべての陸地に住みつき、それぞれの土地に応じた狩猟採集生活をつい最近まで送っていた。たとえば、アラスカ、カナダ、グリーンランドの極北地帯には海獣狩猟民イヌイトが住んでいる。植物が育たない環境に住む彼らはアザラシの肉を主食にしている。伝統的な生活を送るイヌイトにとって、エネルギーの素は動物性脂肪とタンパク質だけだ。一方、アフリカの熱帯雨林に住むピグミーは、動物も少なく炭水化物もない環境なので、近隣の農耕民から作物を手に入れている。彼らの食物のうち、狩猟で得る肉（動物性脂肪とタンパク質）は30％で、あとの70％は農耕作物（炭水化物）である。極北地帯に生きるには発達した海獣狩猟の技術が必要だし、熱帯雨林に生きるには、炭水化物不足を補うだけの狩猟技術や小バンドで暮らすなど生活の工夫が必要である。先史時代人の生活を、現代の狩猟採集民から推測することを、民族学的類推という。

狩猟採集民は、食物を探すコストと得られるリターンのバランスをとるように行動するので、彼らの生活は食物の量と分布と予測性によって決まる。食物がたくさんあり、分布が安定している恵まれた環境では探し回る必要がないので、定住性も人口密度も高くなる。

反対に、食物が少ないきびしい環境では、探し回らなければならないので、移動性も集団メンバーの流動性も高く、人口密度は自然に低くなる。また、たくさんいるもののどこにいるか予測できない動物を狩る人びとは、移動性が高く集団サイズが大きくなる。１人では食べきれない動物の肉は、貯蔵する技術がなければ分配するのが効率的な資源利用だからだ。

（２） 狩猟

現代型サピエンスは、はじめ古代型サピエンスと同じような狩猟採集生活を送っていたが、その後４万年前になって狩猟採集の技術が進化した。南アフリカの現代型サピエンスは、アフリカ後期旧石器時代（LSA）になってから狩猟対象を広げて、どう猛な動物を狩ったり、ワナをしかけて鳥を捕るようになった。

寒冷期のきびしい環境下にある高緯度地帯に進出できたのは、大型獣を狩る技術や寒さをしのげる衣服や住居をもっていたからである。酸素同位体段階２（３万２千〜１万３千年前）の寒冷期、中緯度ステップ〜高緯度ツンドラ地帯にはマンモス、トナカイ、馬、毛サイなど今では絶滅した大型動物がたくさんいた。群れをなして生活する大型草食獣を狙う狩猟が発達し、東ではマンモスが、西ではトナカイや馬が対象となった。これらの動物は季節によって移動するが、移動時期やルートが決まっているので、どこで見張ればよいか予測できる。また、群れをなしているので、一度にたくさん捕まえられる。植物が乏しい環境で、大きな集団を支えるのに重要な食物資源であった。現代型サピエンスは明らかにビッグゲームハンターだったのである。

1924年に発見されたチェコのドルニ・ヴェストニーチェ（Dolni Vestonice）は森林限界をこえたツンドラ地帯にある2万5千年前の遺跡である。ここからは800〜900頭のマンモスの骨が見つかっている。マンモスはアフリカ象の1.5倍の大きさがあり、1頭で数十人分の食物となるばかりでなく、皮は風避けや衣服となり、骨は建材となり、牙は道具の材料となった。石や土、木、マンモスの骨で土台をつくった9×15mの大きなだ円形の住居もある。一方、1964年に発見されたフランスのパンスヴァン（Pincevent）は、1万2千年前のトナカイハンターの夏の狩猟キャンプである。また、フランスのソリュートレ（Solutre）は、崖下に1万頭もの馬の骨が積み重なっている遺跡で、サピエンスが馬の追い込み猟をしていた証拠である。

（3）　漁撈

漁撈もさかんになった。約1万4千年前には骨針や骨銛など、さまざまな漁撈用具がつくられた。魚は動物とちがって小さいのでたくさん捕まえなければならないが、重要な栄養素、ビタミンDを含んでいる。ビタミンDは紫外線を浴びることで体内につくられるが、高緯度地帯では紫外線の量が少ない。ビタミンDが摂取できるのは魚と牛乳からだけなので、現代型サピエンスが高緯度地帯に住むためには、漁撈が大切だったのである。

（4） 採集

植物を積極的に利用するようになった証拠もある。東アジアでは、約３万年前から石皿や叩き石などの植物加工具が出土するようになる。道具を使って木の実の殻を効率よく割ったり、植物の堅い繊維質を砕いて消化しやすくしていた。

植物はヒトにとって、いや霊長類すべてにとって、もともと重要な食料である。エレクタスが火を使うようになって、植物の有毒成分を破壊できるようになり、サピエンスが加工用具をつくって、植物の利用効率を高めたのである。肉にくらべ得られるカロリーが少ない植物も、工夫しだいで食物としての価値を高めることができた。

6 現代型サピエンスの社会

初期の現代型サピエンスの社会と古代型サピエンスの社会との違いは、具体的にわからない。しかし、後期の現代型サピエンスは、古代型サピエンスとは違う新たな価値観をもっていた。ネアンデルタールに芽生えていた抽象的思考がさらに発達して、非実用的な芸術が開花した。また、動物の骨や角などを道具の材料と考えるようになった。さらに、石や貝殻を遠くまで運ぶ交易がはじまり、集団関係が変化した。

（1） 芸術

フランスのドルドーニュ地方にあるラスコー（Lascaux）は、1940

年に発見された約1万7千年前の遺跡である。洞窟の壁には約600の絵画と1500の彫刻が残されている。スペインのアルタミラ（Altamira）も壁画を残す洞窟として有名だ。洞窟の壁に描かれた画や刻まれた像などの不動産芸術はおもにフランスとスペインで見つかっているが、南アフリカやオーストラリアにも例がある。フランスではラスコーのような洞窟が200以上あるが、1995年に発見された3万2千年前のショヴェ洞窟（Chauvet）が最古である。また、ヴィーナス像とよばれる女性をかたどった小さな彫刻も、約2万5千年前からつくりはじめた。

（2）　道具の材料

後期旧石器文化をもつ現代型サピエンスは、生活に必要な道具や芸術品を、石だけでなく骨や角、牙、歯、貝殻など幅広い材料でつくるようになった（図43）。ヴィーナス像も骨や象牙に彫ったし、貝殻はペンダントや腕輪など装飾品に使った。骨角器を本格的につくりはじめて、材料を加工するために彫器という石器がつくられるようになった。粘土を焼いて堅くして土偶をつくることも覚えた。骨でつくった針も見つかっており、衣服を縫っていたらしい。ロシアの2万2千年前の遺跡、スンギール（Sungir）からは、帽子や上着、ズボンや靴の切れ端が見つかっている。

（3）　交易

生活に必要な道具や芸術品の材料を自分たちの身のまわりからだ

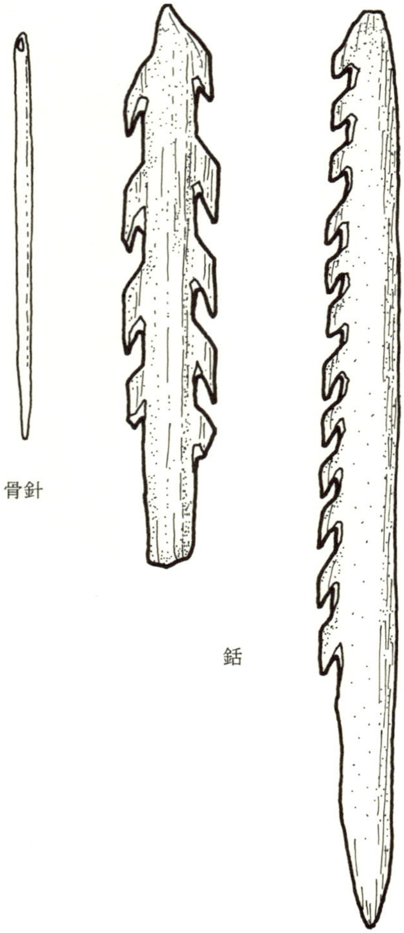

図43　骨角器

けではなく、遠く離れた場所から得るようにもなった。ヨーロッパでは石器の材料として良質なフリントを求めるのがふつうになった。せいぜい10km 以内にある石材を使って石器をつくっていたネアンデルタールにくらべて、現代型サピエンスが石材を運ぶ距離は２倍に伸びている。とくにヨーロッパ北東部では、100〜200km も離れたところからフリントを運んでくるのはあたり前だった。

遠く運ばれたのはフリントだけではない。ロシアのメジリヒ（Mezhirich）では、160km 離れた場所からこはくが運ばれてきたし、600〜800km も離れた海岸から貝殻が運ばれてきた。このような長距離交易は、遠く離れた集団がネットワークで結ばれていた証拠である。血縁関係を基にした集団関係が確立し、社会構造が変化したのだろう。もっとも、このような長距離交易をしていたのはごく一部の集団であり、後期旧石器時代のすべての集団がたずさわっていたわけではない。社会的ネットワークの発達には、大きな地域差があった。

（４）　集団

現在の狩猟採集民の社会は、季節による資源の移り変わりに応じて、集団メンバーがわかれて家族単位の集団になったり、集まって大きな集団になったりする。象徴的な儀礼は、メンバーが集合したときに行われることが多い。後期旧石器時代の遺跡にも、大きい遺跡と小さい遺跡があり、土偶や彫刻などの象徴的な作品は、大きな遺跡に残されることが多い。後期旧石器時代の人びとも現代の狩猟採集民のように、季節に応じて離合集散する社会だったのかもしれない。

また、後期旧石器時代の石器や骨角器や装飾品は、地域性がとても強い。これは、同じ形のものをつくろうとする価値観が集団のなかで一致しており、それが地域ごとに多様だった証拠である。

（５）　言語

物の交換だけでなく、さまざまな情報の交換も行われていたはずである。現代型サピエンスは、私たちと同じ言語能力をもっていたと考えられている。言語の進化には発声器官の生理的発達と、脳のなかでも言語をつかさどるブローカ領域の機能の発達が不可欠である。しかし、発声器官は化石化しないし、脳の容量は測れても機能の発達は見えるものではない。言語の進化は、確かめるすべがないのである。ただ、現代型サピエンスの特徴のひとつとして顎の先が突き出していることがが挙げられる。これは、下顎が食物を咀嚼する機能から解放されて、十分な発声ができるようになったためと推測できる。

13万年前に現れた最初の現代型サピエンスは、生物としては私たちと同じだが、文化的には古代型サピエンスと同じだった。しかし、4万年前の後期旧石器時代にいたって、私たちのもつ人間性の要素——常時直立二足歩行、大きな脳、音声言語、道具使用、狩猟、家族、抽象的思考——のすべてが出そろった。新たな文化をもったとたんに文化は加速度を増して変化していくようになり、サピエンスはそれまで苦手だった寒冷地にも進出し、やがて1万年前には世界中のほぼすべての陸地に住むようになる。解剖学的にも文化的にも人間らしさの要素がでそろい、人間性の進化が完成したと考えて、後期旧石器文化革命とよぶこともある。

7　現代型サピエンスの道具使用

(1)　後期旧石器時代

初期の現代型サピエンスは、古代型サピエンスと同じ石器をつく

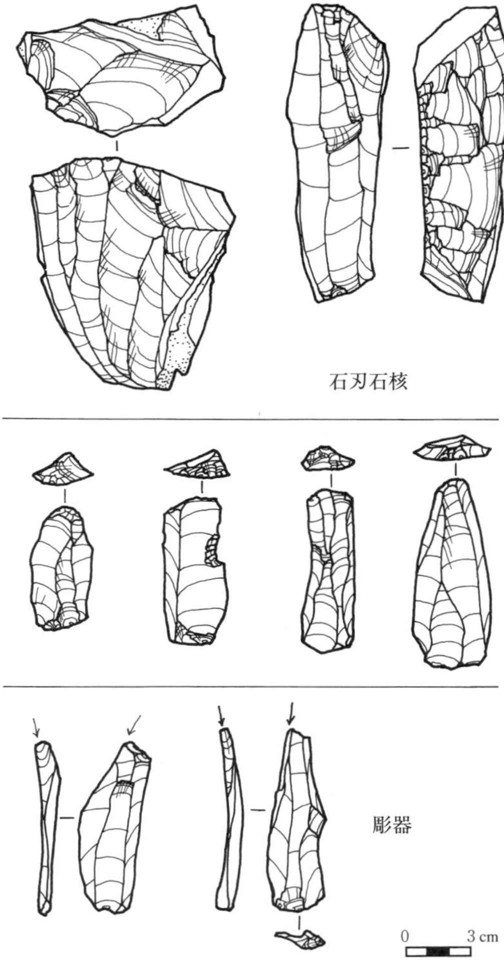

図44　後期旧石器文化の石器（上：Inizan, Roche and Tixier 1992 より修正　下2段：Marks 1983より修正）

っていた。ムスティエ文化などの中期旧石器文化を継承するのである。やがて、東アフリカの４万９千年前を皮切りに、世界中で中期旧石器文化から後期旧石器文化へ移行がはじまる。移行は約３万年前に完了し、後期旧石器時代は寒冷期の終わる１万年前までつづいた。

後期旧石器時代は石核を打ちかいて細長い剥片を取るのが特徴である。縦が幅の二倍以上ある細長い剥片を石刃という（図44）。石刃技法は円盤技法にくらべてたくさんの剥片を取れる。定型的剥片石器の製作は中期旧石器時代にはじまっているが、後期旧石器時代になって定型的剥片石器の大量生産が可能になったのである。また、文化の地域性がさらに多様になって文化圏がいくつも生まれ、変化の速度が早くなった。

石刃技法の起源は中期旧石器時代にさかのぼる。イスラエルのタブン洞窟では９万年前に石刃をつくるようになるが、その後はルバロワ技法のムスティエ文化に戻ってしまう。南アフリカのクラシエリバーマウスでも、７万～５万年前に石刃をつくるようになるが、やはり、その後は円盤技法のアフリカ中期旧石器文化（MSA）に戻る。このように、現代型サピエンスが最初に現れたアフリカと中近東では石刃技法が一時的に現れるものの、定着しなかったのである。

（２） アフリカ

アフリカでは13万年前に現代型サピエンスが出現するが、古代型サピエンスと同じく円盤技法を特徴とするアフリカ中期旧石器文化

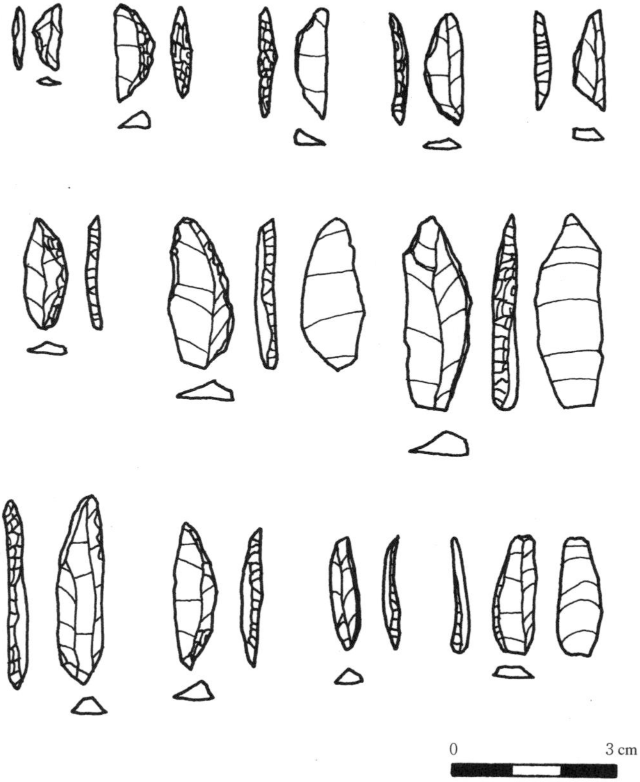

図45　アフリカ後期旧石器文化（LSA）の細石器（Merrick 1975より修正）

（MSA）の石器をつくっていた。やがて東アフリカのエンカプネ・ヤ・ムト（Enkapune ya Muto）で4万9千年前にアフリカ後期旧石器文化（LSA）がはじまり、3万年前には移行が完了する。

アフリカ後期旧石器文化（LSA）は、石刃技法に加えて、石核を台石においてハンマーで叩く両極技法で微細な剥片を大量生産するのが特徴である。細石器は、ヨーロッパやアジアでは旧石器時代末期から中石器時代にかけて出現する長さ２センチ程度の石器だが、アフリカでは後期旧石器文化（LSA）のはじめから現れるのである（図45）。

（３） 中近東

中近東では12万～８万年前には現代型サピエンスが出現するが、古代型サピエンスと同じくルバロワ技法を特徴とするムスティエ文化の石器をつくっていた。やがてレヴァント地方のボカ・タクチト（Boker Tachtit）で４万７千年前に後期旧石器文化がはじまる。

中近東の後期旧石器時代の石刃技法は、土着の中期旧石器文化のルバロワ技法から発展しており、アフリカの影響はまったく受けていない。たとえ、現代人がアフリカ起源であったとしても、文化のアフリカ起源はありえない、と研究者たちは考えている。

（４） ヨーロッパ

現代型サピエンスの化石が東ヨーロッパに出現するのは約３万４千年前だが、後期旧石器文化はそれより早く４万３千年前にはじまっている。最初の後期旧石器文化は、オーリニャック文化（４万～２万７千年前）である。石刃や骨角器、アクセサリーをつくるのが特徴で、ヨーロッパの東から西へと伝播していった。先行するムスティエ文化とは異質な文化で、しかも突然移行するので、そもそも中近東に起源して、ヨーロッパに流入したという説もある。

オーリニャック文化にほぼ平行して、シャテルペロン文化が現れる。シャテルペロン文化は、ヨーロッパのムスティエ文化の一部から独自に発展し、オーリニャックと融合した文化である。フランスのサン・セザールでは、ネアンデルタールとともにシャテルペロン文化の石器が見つかっている。

ヨーロッパの後期旧石器文化は、約３万年の間に石器のつくり方がどんどん変化する。西ヨーロッパではシャテルペロン文化からオーリニャック文化、ペリゴール文化、ソリュートレ文化、マドレーヌ文化へと繋がり、東ヨーロッパではシャテルペロン文化とオーリニャック文化からグラヴェット文化へと変わっていく。このように、石器の形やつくり方の特徴で年代をおさえていくことを編年という。

（5）　アジア

アジアでも４万〜３万年前に石刃技法が現れるが、地域により受容が異なった。石刃技術は北緯45〜50度の北アジアでもっとも発達して、日本列島の北半分でも石刃をつくるようになった。中国北部や日本南部では、定型的な石刃といえないまでも縦長剥片を大量につくるようになる。また、中国北部では後期旧石器時代後半の１万５千年前に細石器が現れる。

一方、中国南部から東南アジア、オーストラリアにかけては、礫器と剥片だけのオルドヴァイ文化以来の単純な石器製作がつづく。石器のつくり方にもとづく前期、中期、後期旧石器文化という定義や文化進化はこの地域にはまったく通用しないのである。

東アジアの北部と南部で石器製作の伝統が違うのは、生態系が違うためである。北部は環境の変化が激しく、人びとはその変化についていかなければならなかったが、南部は環境の変化が少なく安定しており、暮らしぶりを変える必要がなかった。北部では馬やロバなどの群集性草食獣を集中的に狩猟していた証拠があるが、東南アジアの熱帯雨林には食物となる動物が少なく、効率的な狩猟用具が発達する余地がなかった。南部の人びとは、果実や根菜類をおもに採集して生活しており、礫器と剥片という単純な道具でまにあっていたのだろう。

8　人類の拡散—オセアニアへの旅

東南アジアからオーストラリアにかけて、現在では多くの島々が連なっているが、寒冷期には海水位が低下して海面下の土地が陸化し、今とはまったく違った地形をしていた。東南アジア半島からボルネオ島、スマトラ島、ジャワ島が繋がってユーラシア大陸の一部であるスンダランドとなり、ニューギニア、オーストラリア、タスマニアが孤立した大陸、サフールランドとなった（図46）。スンダランドとサフールランドはウォーレシア海域で分断されており、それぞれの地域には固有の動物がいた。スンダランドにはユーラシアの大型動物が、サフールランドにはカンガルーやコアラなどの固有の有袋類が棲んでいた。２つの大陸の間にあるウォーレシアの島々

図46　寒冷期のオセアニア

には小型動物だけが棲んでいた。

エレクタスはユーラシア大陸の一部であったスンダランドに住んでいたが、サピエンスは少なくとも100km の海洋航海をしてサフールランドに達した。最初の移住時期ははっきりしないが、少なくとも 5 万年前には人類はサフールランドにわたっていたらしい。オーストラリア北部のアーネムランド（Arnhemland）に 5 万 2 千年前、ニューギニアのヒュオン（Huon）に 4 万 5 千年前の遺跡がある。さらにアッパースワン川（Upper Swan）の河原から 3 万 8 千年前の石器が見つかっており、3 万 2 千年前のレイク・ムンゴ（Lake Mungo）

からは黄土がふりかけられた埋葬例も発見された。サフールランド最南端のタスマニアでも3万4千年前から居住がはじまっている。

オーストラリアでは、最初の移住からヨーロッパ人がやってくる200年前までの長い間、狩猟採集生活がつづいていた。オーストラリア内陸部には乾燥地帯が広がり、バイオマスが低い。植物資源はかぎられているので、動物を狩りながら川や海の資源を利用して暮らしていた。ヨーロッパ人との最初の接触当時、人口は30万程度だったが、ヨーロッパ人がもちこんだ病気によって人口が急激に減り、1920年代には6万人程度になってしまった。

ニューギニアは、かつてオーストラリアと同じサフールランドだったが、その後の海水位上昇により分断された島である。ニューギニアの環境は湿潤な熱帯雨林と高地が特徴である。この地に移住した人びとはマラリアを避けるために、蚊の少ない高地に住みついた。オーストラリアとは対照的に、やがて食料を生産しはじめ、人口密度も高くなった。

このように、環境や人びとの暮らしも違っているニューギニアとオーストラリアだが、不思議なことに石器のつくり方はよく似ていた。単純なオルドヴァイ文化のようで、後期旧石器時代の特徴である石刃技法もなく、この単純な技術は20世紀まで受け継がれた。森林地帯での植物採集がおもな生業であるニューギニアで石器の製作が発達しなかったのは理解できるが、狩猟の比重が大きいはずのオーストラリアで石器の製作が停滞したのは奇妙である。

しかし、道具の製作だけで、文化を特徴づけることはできない。

現代に生きるオーストラリア原住民、アボリジニは単純な道具しかないが、精神世界はとても複雑である。彼らの日常は創世神話の世界に繋がっており、神話にもとづいて石器をつくる石材をわざわざ出向いて取ってきたりする。単純な技術しかもたない狩猟採集民でありながら、彼らの行動は合理性だけでは判断できない文化的要素がある。

タスマニアでも、オーストラリアと同じように狩猟採集生活が長くつづいていた。ヨーロッパ人がタスマニア原住民と遭遇した当時、彼らはオーストラリア原住民にくらべてさらに単純な石器しかもっていなかった。オーストラリア原住民の使うブーメランや投槍などの狩猟用具も知らなかったらしい。1802年、ヨーロッパ人がタスマニアに移住しはじめるが、彼らがもちこんだ病気のため、80年後の1882年にタスマニア原住民は絶滅した。

9　人類の拡散―アメリカへの旅

（1）　新大陸へのルート

人類が新大陸へ渡るには3つの障害があった。第1の障害は極地のきびしい自然である。現代型ホモ・サピエンスはもともと暖かい場所に適応した生物である。北緯60度以北のシベリアやアラスカに暮らすには、優れた狩猟技術、毛皮などの防寒具、寒さをしのげる住居などが必要である。シベリアにサピエンスが進出したのは、2万年以降のことで、最古の遺跡は1万8千年前のジュクタイである。

この頃には、寒冷地に暮らす生活技術を身につけて文化的に適応するだけでなく、凍傷を防ぐよう顔が平たんになるなど、身体も寒冷気候に適応していたらしい。

第２の障害は、新大陸のアラスカと旧大陸のシベリアを分断しているベーリング海峡である。ベーリング海峡は、幅100km、水深50ｍの浅い海であるが、海水位が130ｍ低下した最寒冷期には、幅1000kmにも及ぶ陸地、ベーリンジアとなった。ベーリンジアが現れたのは、２万３千〜１万３千年前、酸素同位体段階２の最寒冷期のことである。それ以前の酸素同位体段階４（７万８千〜６万４千年前）の寒冷期にもベーリンジアは現れたが、その当時、この高緯度地帯に人類が居住していた証拠はない。

ベーリンジアを渡ったサピエンスが最後に遭遇した障害は、東からのびるローレンシア氷床と西からのびるコルディエラ氷床である。２つの氷床は最寒冷期に拡大して結合し、サピエンスの南下をはばんだ。しかし、最寒冷期のはじまる２万１千年前以前と、暖かくなりはじめる１万４千年前から後退して、氷床の間に人が通過できる無氷回廊ができた。氷床を避けて太平洋沿岸部を南下するルートもあるが、水位の上昇した現在ではこのルートは水没しているので遺跡は見つからないのである。

（２）　最古の遺跡

アメリカ最古の遺跡は、不思議なことにベーリンジアから遠く離れた南米で見つかっている。１万３千年前のチリの遺跡、モンテ・

ベルデである。１万２千年前以降の遺跡はアメリカ中から見つかっている。新大陸に足を踏み入れてわずか３千年後の１万年前には、北端のアラスカから15000km 離れた南端のティエラ・デル・フエゴまで人が住んでいた。新大陸に移住したサピエンスは驚異的なスピードで拡散したのである。

１万２千年前から８千年前までつづくアメリカ最古の文化をパレオインディアン文化という。棒に括りつけて使う尖頭器、クローヴィスポイントが特徴である。最初のアメリカ人はマンモスやカリブー、バイソン、マストドンなどの大型獣を狩るビッグゲームハンターだった。しかし、ヨーロッパの後期旧石器文化の遺跡と違って、パレオインディアン文化の遺跡は解体場ばかりで居住遺跡は少ない。遺跡の規模が小さく、石器も少なく、骨角器もつくらず、芸術作品もない。あっという間にアメリカ中に広がったこともあり、最初のアメリカ人たちは小さなバンドで暮らしながら、動物を追って走り回っていたかのような印象を受ける。

しかし、これは遺物の保存状態に左右された偏った解釈かもしれない。たとえば、アメリカ最古の遺跡、モンテ・ベルデはやはり石器の少ない遺跡である。しかし、低湿地にあるため、有機物の保存がよく、たくさんの木器や植物採集の証拠が見つかった。木で築いた建築物もあり、１万３千年前に定住生活を送っていた可能性もある。木が残っていなければ、モンテ・ベルデはパレオインディアンの典型的な小さな遺跡でしかない。遺跡の解釈は、保存状態でこんなにも変わってしまうのである。

（3） 最初のアメリカ人

アメリカ原住民は、アメリカ大陸中に広がり、極北から熱帯雨林まで多様な環境に住んでいる。しかし、外見だけでなく、歯の特徴や血液型もよく似ている。これは、新大陸にわたった年代が比較的最近であるためだ。また、移民の数が少なくて遺伝子プールが小さかったために、その子孫に伝わる遺伝子の多様性が少なくなるフォンダー効果の影響もある。

言語や遺伝子や歯の研究にもとづくと、アメリカ大陸移住には3つの波があったらしい。第1波の集団は1万8千年前にベーリンジアを渡り、そのあと太平洋沿岸部を南下するか、1万4千年前にオープンになる氷河回廊を通って南米大陸まであっという間に広がった。第2波はベーリング海峡を8千年前に渡ったアサパスカン言語集団である。最後にやってきたのは海獣狩猟民イヌイトの祖先である。6千年前にやってきた彼らは、南下することなくそのまま高緯度地帯に住みついたのである。

ヨーロッパ人による新大陸の発見はアメリカ原住民の運命を大きく変えてしまった。ヨーロッパ人のアメリカ流入は、伝染病をもたらしたのである。長い間家畜と暮らしていたヨーロッパ人は、家畜のかかる病気に対して免疫をつけていたが、家畜をもたないアメリカ原住民はハシカにさえ免疫がなかった。ヨーロッパ人が移住してきた結果、アメリカ原住民の間には天然痘が流行して人口が激減し、衰退していったのである。

コラム

人類の拡散と動物の絶滅

今から約１万２千年前、氷河の時代は終焉を迎える。最終氷期の末期に起こった人類史における重要な事件が、新大陸への移住である。ベーリンジアを渡っていった人びとには、移住しているなどという自覚はなかったに違いないが、動物の群れを追いながら人跡未踏の広大な大陸へと進んでゆく人びとの姿を想像するのは楽しく、私たちのロマンを駆りたてる。

人類が新大陸に最初に足を踏み入れたのはいつなのか、人びとはどのように移住し拡散していったのか、いろいろと議論されている。今わかっていることは、約１万２千年前には、よく似た石器をつくる人びとが新大陸中に住んでいたこと、それ以前の古い年代の遺跡は少なく、たくさんの人が住んでいた形跡がないことである。新大陸への人類の拡散は、500万年間にわたる人類の歴史から見れば、あっという間のできごとだったのである。

更新世から完新世への移行の特徴は、全地球規模で起こった温暖化が特徴だ。環境が急激に変化したので、植物や動物もその影響を受けて、世界のあちこちで種の交代が起こった。なかでも新大陸アメリカでの動物種の交代劇はとくにすさまじかった。最終氷期の新大陸では、マンモス、オオナマケモノ、マストドン、サーベルタイガー、古代型バイソン、といった大型の動物がたくさん徘徊していた。しかし、氷河期の終焉とともに31属の大型草食獣が絶滅し、なんと動物相の4分の3が交代してしまうのである。

この大量絶滅の原因はいったい何だろうか。古くからいわれているのが、人間による過剰殺りく説である。新大陸の動物たちは、人間のいない土地で暮らしてきた。とくに大型獣にとっては天敵がいない状態だったのである。しかし、約1万2千年前に突然現れた人間たちによって、あっさりと捕まり次々と殺されてしまった、というのである。

新大陸にやってきた人びとは、もちろん植物の採集もしていただろうが、優れた狩猟者だったことはまちがいない。パレオインディアン文化の特徴は狩猟具である投槍であり、この石器はほぼ新大陸全体に分布している。また、パレオインディアン文化の遺跡には、大型動物を狩猟して解体したあとが多いのだ。アメリカのP. マーティンのシュミレーションによると、今から約1万1500年前にカナダのエドモントン付近に移住者の一団が現れ、獲物の豊富な恵まれた新天地で年率2%という爆発的な人口増加を果たし、動物を大量に狩猟しながら、人びとは1000年足らずで南米南端のフエゴ島まで達したという。急激な人類の拡散と動物の過剰殺りくを結びつけたこの派手なシナリオを、電撃戦モデルとよんでいる。

しかし、この過剰殺りく説（＝電撃戦モデル）にはいくつかの問題がある。人類の拡散と動物の大量絶滅のタイミングを詳しくみると、パレオインディアン文化の最盛期よりも前に、大型獣は絶滅しているのである。マンモスなどほとんどの大型獣は、パレオインディアン文化の前期に絶滅している。この時期には、ひとつの遺跡から数頭から十数頭の骨が出土する程度だ。ところが、1万年前以降のパレオインディアン文化後期になると、出土する骨が数十頭から100頭分をこえるようになる。特定の場所から大量の骨が見つかるのは、動物が群れをなして暴走する性質を利用して群れごとしとめる、崖やくぼみなどの同じ場所を何度も利用して猟をする、といった狩猟方法によるものだ。「大型獣狩猟者」のイメージは、このパレオインディアン文化後期の遺跡にもとづいて、事実よりもかなり強調されてつくりだされたものかも知れない。

また、パレオインディアン文化の担い手たちは、旧大陸にくらべてとても人口が少なかったはずだ。旧大陸にたくさん住んでいた狩猟者たちが動物にそれほど影響を与えず、新大陸にいたわずかな人びとが大量の動物絶滅を引き起こすというのはやや不自然である。

動物の大量絶滅を説明する第2の説は、乾燥化原因説である。氷河期の終焉とともに起こった生息環境の変化、とくに乾燥化によって森林が後退し、森林適応種にとって生息地が縮小していった結果、絶滅にいたった、というものである。しかし、この説にもいくつか問題がある。環境の変化がいちじるしかった更新世を生き抜いてきた動物たちがなぜここで絶滅するのか。絶滅は森林適応種にかぎらず、さまざまな生息地に適応した種に及んでいるのはなぜか、説明がつかないのだ。

さらに、強くなった季節性が原因とする説もある。更新世末期に激しい気温変動が起こり、季節性がより強い気候になっていった。この時期に絶滅した大型獣の特徴をみると、長い妊娠期間を経て、1年のうちのある一定の時期に、未熟な子どもを出産する種が多い。生まれた子どもは寒い時期を乗り越えられず、やがて種全体が絶えてしまったのではないか、とも考えられる。

天敵である人類の急速な拡散、乾燥化、季節性など、どれがおもな原因となって絶滅を引き起こしたのかはわからない。たぶん、これらすべてがからみあって、劇的な大量絶滅にいたったのだろう。

コラム

芸術の出現

1879年、スペインの北西部にあるアルタミラ洞窟で、洞窟内の天井に動物の絵が描かれているのが見つかった。赤や黒い線で描かれたバイソンの絵は、発見された当初は誰かのいたずらとも考えられた。しかし、じつは、約１万3500年前の先史時代の人びとが描いたものだとわかった。やがて1940年になって、フランスのラスコーでアルタミラと同じような洞窟が発見された。ラスコー洞窟には、約１万７千年前の人びとが残した絵画や彫刻がたくさん残っている。

フランスやスペインなどを中心とした西ヨーロッパでは、200カ所以上の洞窟から先史時代の芸術が発見されている。洞窟の壁に描かれた絵画やレリーフ彫刻などは不動産芸術、角や骨などに彫刻したものや粘土で形をつくって焼いた土偶など、もち運べるものは動産芸術とよぶ。動産芸術として有名なものにヴィーナス像がある。乳房や腰臀部を強調した女性像で、豊穣を祈願してつくったと考えられ、とくにヨーロッパに多いが、シベリアまで分布している。

もっとも年代の古い先史時代の芸術は、1994年にフランスのショヴェ洞窟で見つかった、約３万１千年前の洞窟絵画である。しかし、現在知られている作品の約80％は、後期旧石器時代末期にあたるマドレーヌ文化期（１万７千〜１万１千年前）につくられている。もっとも、先史時代の芸術品は西ヨーロッパにかぎらず、アフリカやシベリア、オーストラリアなどの広い地域に分布している。

洞窟絵画の年代は、直接測定することができない。年代を決めるには、絵を描いた人びとが何かを洞窟の堆積層に残していなければならない。たとえば、暗い洞窟内で絵を描くには明かりが必要なので、火を燃やしながら作業をしたはずである。木の燃えカスが洞窟内に残っていれば、炭素14測定法を使って年代がわかる、というわけだ。

絵画や彫刻のモチーフには、おもしろいパターンがある。絵画などの不動産芸術の対象となるのはバイソンや馬が多く、もっとも一般的に狩猟の対象となったトナカイが少ないのである。ラスコーでは、トナカイの骨がたくさん出土しているにもかかわらず、600もある壁画のなかでトナカイはたった1頭だけである。一方、動産芸術では馬やトナカイ、人間をモチーフにしたものが多いようだ。

いつ、誰が、何の目的で、洞窟に絵を描いたり、彫刻をつくったりしたのだろうか。芸術の担い手は、明らかに後期旧石器文化をもつ現代型サピエンスである。ネアンデルタールもひんぱんに洞窟を利用していたが、中期旧石器文化の遺跡からは絵画や彫刻は見つかっていないからだ。

絵や彫刻をつくった目的については、もちろん、私たちには想像するだけで確かめることなどできない。狩猟の成功を祈ったもの、野生動物への信仰をあらわすもの、視覚によるコミュニケーション、もしくは芸術のための芸術、などとさまざまに解釈されている。「芸術」ではなく、道路標識や会社のロゴマークのような「記号」ではないかという説もある。また、ラスコー洞窟には、架空の動物である一角獣も描かれているので、身のまわりの現実の世界ではなく、想像上の世界をあらわした絵画もあることがわかっている。

洞窟絵画は、保存するのがとてもむずかしい。遠い昔の先祖が残した絵画となれば、見たいと思うのは当然だし、洞窟絵画は重要な観光資源となる。しかし、たくさんの人が押しよせれば、洞窟内の温度や湿度が変化してしまう。また、観光客の呼吸によって排出される二酸化炭素量が増えて、かびが発生したり、絵画の描かれた壁そのものが剥がれ落ちてしまう危険もある。ラスコー洞窟は、絵画を保存するため、1963年に閉鎖されてしまった。フランス政府は本物とそっくりのラスコーII洞窟をつくって、観光客の要望に応えている。

エピローグ

今から500万年前、かつて世界中で繁栄を誇った中新世類人猿は、絶滅の一途をたどっていた。この衰退しつつあるヒト上科から、人類は誕生する。最初の人類はチンパンジーのように小さな頭と身体しかなかったが、2本足でアフリカの大地に立っていた。当時、類人猿にかわって世界中で繁栄していた旧世界ザルにくらべると、彼らはアフリカに住むマイノリティでしかなかった。

やがて180万年前の更新世になり、彼らはアフリカ大陸を後にしてユーラシアへと旅立つ。熱帯地方で生まれたヒトは、もともと暖かい場所に適応した生物である。ユーラシアへ拡散した彼らも、居心地のよい熱帯地方や中緯度地帯にとどまって暮らしていた。

13万年前のアフリカに誕生した現代人も、しばらくは暖かいアフリカ大陸にとどまっていた。しかし、4万年前に新たな後期旧石器文化をもつと、またたく間に世界中に拡散する。きびしい自然を克服する知恵と技術を身につけた彼らは、やがて北緯60度を突破して新大陸へとわたっていった。1万年前、地球上のほぼすべての陸地に、人類は住みついていた。

人類の誕生から1万年前までつづいた旧石器時代は、人類史の

99%以上を占める長い時代である。この間に、解剖学的な人間らしさと文化的な人間らしさが、相互に作用して進化してきたのである。直立二足歩行にはじまるヒトの解剖学的進化は、身体の大型化や大脳化を経て13万年前にほぼ完成する。一方、ヒトの文化的進化は解剖学的進化にくらべてゆっくりと進むが、ヒトの解剖学的進化が完成したあとも、加速度を増して進化しつづけている。

本書で触れていないその後の１万年間は、ヒトの文化が爆発的に進化した時代である。それまで環境に支配されてきた人間が、文化や技術によって環境を変える能力をもったのである。その手始めとなったのが約１万年前に起こる食料生産革命である。野生の植物や動物を食べて暮らしていた人びとが、みずから食料を生産するようになると、暮らしぶりは大きく変わっていった。肉食が減って、体格が小さくなったり、炭水化物や糖分の摂取が増えて、虫歯が発生するなどの弊害も起こった。さらに、定住農耕社会が出現すると、人口が増加し、伝染病が発生した。農地や水の確保が重要な関心事となり、他の集団と戦争するようになった。農地や燃料のために、森を切り開いて開墾していった。

18世紀末のイギリスに始まる産業革命をきっかけとして、化石燃料を大量に使うようになり、大気汚染がはじまった。やがて20世紀半ばには、核爆弾や核実験によって、放射能を大気中にまき散らすまでになった。産業の発展にしたがい、ダイオキシンや環境ホルモンなどの有害物質を大量に排出するようになり、私たちの環境や生殖能力を脅かすまでになってしまった。

現代の私たちが食べているものは、加工食品がほとんどである。技術の発達で、自然界には存在しないほど高カロリーで、食べやすく、消化しやすい食品をつくりだせるようになったのである。そのため、咀嚼機能は退化し、消化器官は矮小化するなどの変化が起きている。最近になって、保存料の体内蓄積も議論されるようになってきた。栄養がよくなり、寿命が伸びる一方で、技術の産物でみずからを傷つけているのである。

今の私たちは、かつてアフリカの大地に誕生した祖先と、すっかりかけ離れた存在になった。私たちの脳は今以上に大きくなる余地がなく、生物としてのヒトは進化しそうにない。しかし、文化はどこまで進化していくのかわからないし、文化が進化するほど、私たちは生物として衰退していくのかもしれない。私たちの行く末を決めるのは、生物としてのヒトの力ではなく、私たちのもつ文化や技術の力である。このまま未曾有の繁栄をつづけるのか、あるいはみずからの生息環境を破壊して衰退してしまうのか。多くの仲間が現れては消えていった500万年の人類の歴史を振り返って、これからの私たちについて、ふと考えてみる。

参考文献一覧

大学で人類学や考古学を学ぶ学生向けに、入手しやすい教科書的な本を挙げる。人類学は90年代に入って目まぐるしく状況が変わっているため、最新の情報を取り入れるように、なるべく最近出版された本を選んで記した。

赤沢威編『モンゴロイドの地球　第1巻・アフリカからの旅だち』東京大学出版会、1995年。
江原昭善『人類ホモ・サピエンスへの道』NHK ブックス、1987年。
大津忠彦・常木晃・西秋良宏『世界の考古学　第5巻・西アジアの考古学』同成社、1997年。
大塚柳太郎編『モンゴロイドの地球　第2巻・南太平洋との出会い』東京大学出版会、1995年。
大貫良夫編『モンゴロイドの地球　第5巻・最初のアメリカ人』東京大学出版会、1995年。
小澤正人・谷豊信・西江清高『世界の考古学　第7巻・中国の考古学』同成社、1999年。
片山一道ほか『人間史をたどる－自然人類学入門』朝倉書店、1996年。
黒田末寿・片山一道・市川光雄『人類の起源と進化』有斐閣、1987年。
百々幸男編『モンゴロイドの地球　第3巻・日本人のなりたち』東京大学出版会、1995年。
長友恒人編『考古学のための年代測定学入門』古今書院、1999年。
長谷川政美『DNA から見た人類の起源と進化』海鳴社、1985年。
埴原和郎『人類の進化試練と淘汰の道のり：未来へつなぐ500万年の歴史』講談社、2000年。
馬場悠男監修・高山博責任編集『イミダス特別編集　人類の起源』集英社、

1997年。
米倉伸之編『モンゴロイドの地球　第4巻・極北の旅人』東京大学出版会、1995年。
リチャード・リーキー著、馬場悠男訳『ヒトはいつから人間になったか』草思社、1996年。
イアン・タッターソル著、河合信和訳『化石から知るヒトの進化』出版文化社、1998年。
ロバート・フォーリー著、金井塚務訳『ホミニッド－ヒトになれなかった人類たち』大月書店、1997年。
ジョナサン・キングドン著、菅啓次郎訳『自分をつくり出した生物－ヒトの進化と生態系』青土社、1995年。
Campbell, B. G. and J. D. Loy 1996 *Humankind Emerging* Haper Collins College Publishers（7 th edition）.
Delson, E., I. Tattersall, J. V. Couvering and A. Brooks 2000 *Encyclopedia of Human Evolution and Prehistory* Garland（2 nd edition）.
Fagan, B. M. 1998 *People of the Earth* Longman（9 th edition）.
Fleagle, J. G. 1988 *Primate Adaptation and Evolution* Academic Press.
Gamble, C. 1999 *The Palaeolithic Societies of Europe* Cambridge University Press.
Howells, W. 1997 *Getting here : the story of human evolution* The Compass Press.
Jurmain, R., H. Nelson, L. Kilgore and W. Trevathan 2000 *Introduction of Physical Anthropology* Wadsworth（8 th edition）.
Klein, R. G. 1999 *The Human Career* The University of Chicago Press（2 nd edition）.
Price, T. D. and G. M. Feinman 1997 *Images of the Past* Mayfield Publishing Company（2 nd edition）.

図表出典文献

大津・常木・西秋『世界の考古学　第５巻・西アジアの考古学』同成社、1997年。

鄭徳申坤（松崎寿和訳）『中国考古学大系１』雄山閣、1974年。

Inizan, M. L., H. Roche and J. Tixier 1992 *Technology of Knapped Stone.* CREP.

Klein, R. 1999 *The Human Career*. The University of Chicago Press.

Koobi Fora Research Project vol. 5　1997 Oxford.

Leakey, M. D. 1971 *Olduvai Gorge* vol. 3 , Cambridge.

Marks, A. E. 1983 The Middle to Upper Paleolithic transition in the Levant, *Advances in World Archaeology* vol. 2 .

McHenry, H. M. 1994 Behavioral ecological implications of early hominid body size, *Journal of Human Evolution* vol. 27.

Merrick, H. V. 1975 Change in Later Pleistocene Lithic Industries in Eastern Africa. Ph.D. Dissertation, University of California, Berkeley.

Phillipson, D. W. 1993 *African Archaeology*, Cambridge.

Price, T. D. and G. M. Feinman 1997 *Images of the Past*, Mayfield.

Third Preliminary Report of African Studies 1977 Nagoya University.

人類史編年表 1

絶対年代（万年前）	地質年代		人類進化	文化進化
6500	暁新世		霊長目の発生？	
5500	始新世		原猿亜目の発生	
3400	漸新世		真猿亜目の発生	
2300	中新世		ヒト上科の発生 ヒト科の発生？（ミレニアム・マン？）	
500	鮮新世		アルディピテクス アウストラロピテクス ケニアントロプス パラントロプス ホモ・ルドルフェンシス ホモ・ハビリス	石器製作の開始 オルドヴァイ文化 アフリカ大陸より世界各地へ拡散
400				
300		前期旧石器時代		
180	前期更新世		ホモ・エレクタス	アシュール文化
100				
78	中期更新世			ヨーロッパへ拡散？

人類史編年表 2

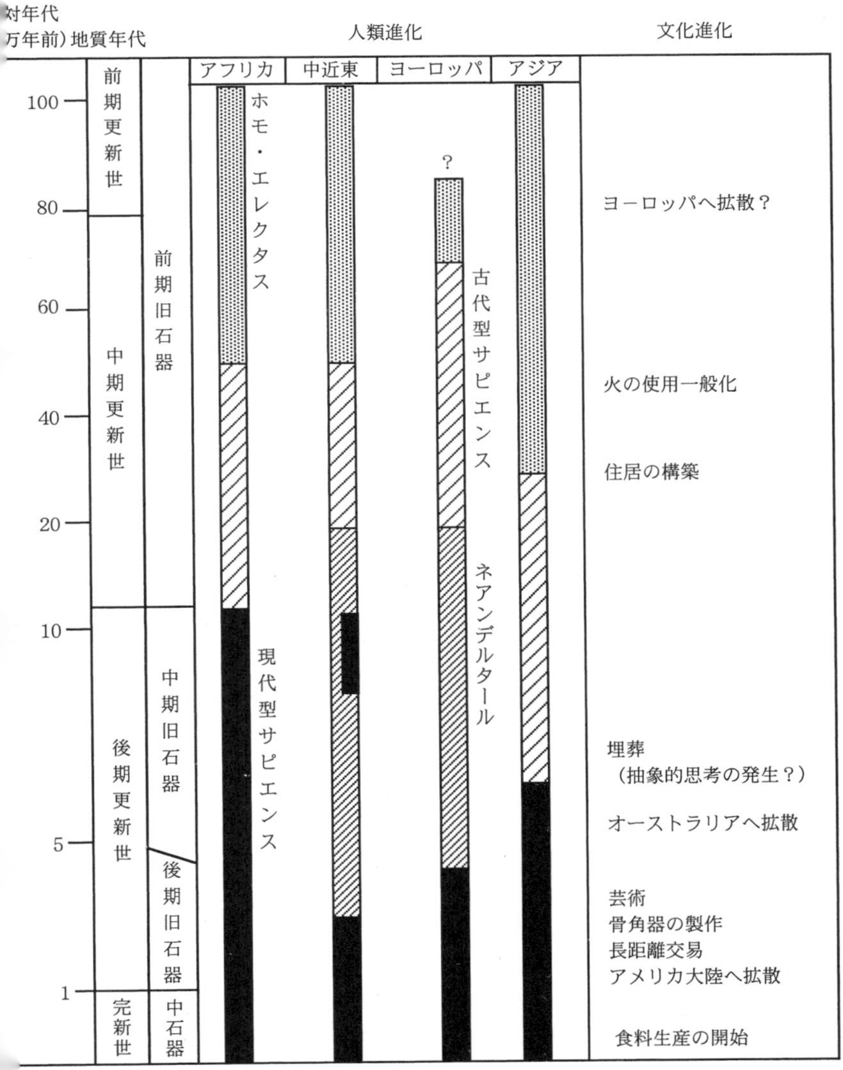
対年代
万年前）地質年代
人類進化
文化進化
アフリカ
中近東
ヨーロッパ
アジア
100
80
60
40
20
10
5
1
前期更新世
中期更新世
後期更新世
完新世
前期旧石器
中期旧石器
後期旧石器
中石器
ホモ・エレクタス
？
古代型サピエンス
ネアンデルタール
現代型サピエンス
ヨーロッパへ拡散？
火の使用一般化
住居の構築
埋葬
（抽象的思考の発生？）
オーストラリアへ拡散
芸術
骨角器の製作
長距離交易
アメリカ大陸へ拡散
食料生産の開始

遺跡索引

ア

アーネムランド（オーストラリア。5万2千年前の石器が出土するオーストラリア最古の遺跡） 160, 183
アヴヴィーユ（フランス。1859年、ブシェ・ド・ペルシェが絶滅した動物の化石と共に石器を発見した） 148
アタプエルカ（スペイン。1992年、ネアンデルタール的な古代型サピエンスが出土した30万年前の遺跡） 124
アッパースワン（オーストラリア。3万8千年前の石器が出土） 187
アムッド（イスラエル。4万5千年前のネアンデルタール遺跡） 121, 161
アラゴ（フランス。古代型サピエンスとハンドアックスのない石器群が出土した30万年前の遺跡） 108
アラミス（エチオピア。440万年前の地層からアリディピテクス・ラミダスが出土） 45
アリア湾（ケニア。420万年前の地層からアウストラロピテクス・アナメンシスが出土） 45
アルタミラ(スペイン。2万2千～1万3千年前の壁画や彫刻を残す洞窟) 173
アンブロナ（スペイン。アシュール文化の石器と象の骨が出土した、40万～25万年前のアシュール文化の遺跡） 95, 108
イセルニア（イタリア。73万年前の地層から石器と獣骨が出土した、ヨーロッパ最古の遺跡の1つ） 106
ヴィンディジャ（クロアチア。ネアンデルタールと現代型サピエンスが出土した中期から後期旧石器文化の遺跡）126, 161
ウシュキ（ロシア、カムチャツカ半島。人類の寒冷地進出を示す、1万4

千年前の後期旧石器時代遺跡）　159
ウベイディヤ（イスラエル。140万年前の地層から石器が出土した、ユーラシア最古の遺跡の１つ）　88
ウラハ（マラウイ。240万年前の地層からホモ・ルドルフェンシスが出土）　71
FxJj 50（ケニア、コービフォラ。165万年前のオルドヴァイ文化の遺跡）　99
FLK ジンジャントロプス（タンザニア、オルドヴァイ渓谷。175万年前の地層からジンジャントロプス・ボイセイが出土）　99
エランズフォンテイン（南アフリカ。1953年、30万年前の古代型サピエンスが出土）　120
エンカプネ・ヤ・ムト（ケニア。４万９千年前の後期旧石器時代遺跡）　178
オータス（フランス。ネアンデルタールの食人儀礼を示す遺跡？）　143
オモ（エチオピア。初期人類化石と、230万年前のオルドヴァイ文化の石器が出土。また、現代化の傾向がある古代型サピエンスの化石が、13万～10万年の地層から出土）　78, 159
オルセ（スペイン。180万年前の地層からオルドヴァイ文化の石器が出土した、ヨーロッパ最古の遺跡？）　89, 106
オルドヴァイ渓谷（タンザニア。1959年、リーキー夫妻がジンジャントロプス・ボイセイを発見。1964年、ホモ・ハビリスを発表。オルドヴァイ文化の指標遺跡）　20, 42, 43, 78, 87, 99
オロルゲサイリエ（ケニア。50万年前の地層から大型のヒヒの骨が多数出土した、アシュール文化の遺跡）　95

カ

カナポイ（ケニア。420万年前の地層からアウストラロピテクス・アナメンシスが出土）　45
カブウェ（ブロークン・ヒル参照）
カフゼ（イスラエル。10万～８万年前の現代型サピエンスが出土した、ム

スティエ文化の遺跡）　121,157,159

カランボフォールズ（ザンビア。20万年前のアシュール文化末期。植物食の証拠を残す数少ない遺跡の１つ）　96

ガンドン（インドネシア、ジャワ島。1931～32年、古代型サピエンスが出土。５万３千～２万７千年前という年代が最近出て、話題となる）　118,120

キク・コバ（ロシア。1924年に発見されたネアンデルタールの埋葬遺跡）　141

許家窯（中国。12万５千～10万年前の地層から古代型サピエンスが出土）　120

金牛山（中国。26万年前の地層から古代型サピエンスが出土）　120

クラクトン・オン・シー（イギリス。クラクトン文化の指標遺跡）　109

クラシエリバーマウス（南アフリカ。世界最古の現代型サピエンスが11万～９万年前の地層から出土）　159,178

クラピナ（スロベニア。ネアンデルタールの食人儀礼を示す遺跡？）　143

グランドリナ（スペイン。78万年前の人骨が出土した、ヨーロッパ最古の遺跡の１つ）　89,106

クロマニヨン（フランス。1868年、現代人の化石が絶滅した獣骨やオーリニャック文化の石器と共に出土）　17,154

クロムドラーイ（南アフリカ。1938年、ブルームがパラントロプス・ロブスタスを発見）　19,41,65

ケバラ（イスラエル。６万年前のネアンデルタールの埋葬遺跡）　121,157

コービフォラ（ケニア。ホモ・ルドルフェンシスやハビリス、180万年前のエレクタス、100個体以上のボイセイなどが、オルドヴァイ文化の石器と共に出土）　43,78,99

コム・グルナル（フランス。ネアンデルタールが馬の追い込み猟をしていた遺跡）　138

コンソ（エチオピア。世界最古のアシュール文化の石器が170万年前の地

層から出土） 100

サ

ザファラヤ（スペイン。最後のネアンデルタールが出土した３万年前の遺跡） 125
サレ（モロッコ。40万年前のエレクタスが出土） 86
サンギラン（インドネシア、ジャワ島。1937年にエレクタスの破片が出土。160万年前のアジア最古の人類遺跡の１つ） 83
サン・セザール（フランス。３万２千年前の地層からネアンデルタールの化石が後期旧石器文化の石器と共に出土） 126, 181
サン・タシュール（フランス。ブシェ・ド・ペルシェが発見した、アシュール文化の指標遺跡） 100
シディ・アデラーマン（モロッコ。1955年、エレクタスの化石が出土） 86
シャニダール（イスラエル。６万年前のネアンデルタールの埋葬遺跡） 141, 142
周口店（中国。1927年から調査を開始し、45個体以上のシナントロプス・ペキネンシス〈今ではホモ・エレクタスと呼ぶ〉が出土。50万～23万年の、チョッパー・チョッピングトゥール文化の遺跡） 18, 96, 99, 104, 121
ジュクタイ（ロシア、シベリア地方。人類の寒冷地進出を示す１万８千年前の後期旧石器時代の遺跡） 160, 185
シュテインハイム（ドイツ。30万年前の地層から、ネアンデルタール的な古代型サピエンスが出土） 124
ショヴェ（フランス。1995年に発見された、最古の壁画を残す３万２千年前の洞窟遺跡） 173
シワリク丘陵（インド。1932年、1400万～800万年前の地層からラマピテクスが出土） 20
シンガ（スーダン。1924年、現代的な古代型サピエンスが13万～10万年の地層から出土） 157

スウォンズコーム（イギリス。ネアンデルタール的な古代型サピエンスが、クラクトン文化の石器と共に30万年前の地層から出土） 108,124
ステルクフォンテイン（南アフリカ。1936年と1947年、ブルームがアウストラロピテクス・アフリカヌスを発見） 19,41
スピー（ベルギー。1886年、ネアンデルタールが絶滅した獣骨と石器と共に出土） 117,141
スフール（イスラエル。ネアンデルタールと現代型サピエンスが12万～10万年前の地層から出土したムスティエ文化の遺跡） 121,157,159
スワルトクランス（南アフリカ。1948年、ブルームがパラントロプスを発見） 42
スンギール（ロシア。帽子や上着、ズボンや靴の切れ端が出土した２万２千年前の遺跡） 173
セプラノ（イタリア。1996年、エレクタスが80万年前の地層から出土したヨーロッパ最古の遺跡の１つ） 89,106
ソリュートレ（フランス。馬の追い込み猟を示す後期旧石器時代遺跡。ソリュートレ文化の指標遺跡） 171
ソレイヤック（フランス。約100万年前の地層から石器が出土したヨーロッパ最古の遺跡の１つ？） 106

タ

大茘（中国。23万～18万年前の地層から古代型サピエンスが出土） 120
タウングズ（南アフリカ。1924年、ダートがアウストラロピテクス・アフリカヌスを発見） 18,40
タブン（イスラエル。18万～12万年前の地層からネアンデルタールが出土した中期旧石器文化の遺跡） 121,157
泥河湾（中国。100万年前を遡る石器が出土） 89
ディ・ケルダー（南アフリカ。８万５千～６万年前の地層から現代型サピエンスが出土） 163

丁村（中国。12万年前の中期旧石器文化遺跡） 139

テシク・タシ（ウズベキスタン。1938年に発見された、ネアンデルタールの埋葬遺跡） 121

テラアマタ（フランス。30万年前のアシューレアン文化の遺跡） 108, 139

テルニフィニ（アルジェリア。70万～60万年前の地層からエレクタスが出土） 86

ドゥマニシ（グルジア共和国。ユーラシア最古の遺跡の１つで、1991年、エレクタスが180万～160万年前の地層から出土） 88

トラルバ（スペイン。アシュール文化の石器と象の骨が出土した、40万～25万年前のアシュール文化の遺跡） 95, 108

トリニール（インドネシア。1894年、デュボワがピテカントロプス・エレクタスを発見） 83

ドルニ・ヴェストニーチェ（チェコ。1924年に発見された後期旧石器時代遺跡。800～900頭のマンモスの骨や、彫刻品などが出土した25000年前の大遺跡） 171

ナ

ナリオコトメ（ケニア。1985年、エレクタスの全身骨格（WT－15000）が出土） 83, 91

ナルマダ（インド。15万年前の地層から古代型サピエンスがアシュール文化の石器と共に出土） 120

ニア（マレーシア、ボルネオ島。現代型サピエンスが、４万年前の地層から出土） 160

西ツルカナ（ケニア。1985年、パラントロプス・エチオピクスが260万～230万年前の地層から出土。2001年３月、ケニアントロプス・プラティオプスが350～330万年前の地層から出土。230万年前のオルドヴァイ文化の遺跡もある） 47, 67

ネアンデルタール谷（ドイツ。1856年、ネアンデルタールが出土） 17,

116, 141, 142

ハ

ハダール（エチオピア。1974年、ジョハンソンがアウストラロピテクス・アファレンシスを発見。翌年にはさらに13個体のアファレンシス、「最初の家族」を発見。260万～250万年前の地層から世界最古の石器が出土） 44, 77

バリンゴ（ケニア。2000年12月、600万年前の地層から人類化石を発見したとの新聞報道があった） 46

バルエルガザル（チャド。1995年、アウストラロピテクス・アファレンシスが出土） 45

パンスヴァン（フランス。1964年に発見された、１万２千年前のトナカイハンターの夏の狩猟キャンプ） 171

ビアシェ（フランス。もっとも古いネアンデルタールが17万５千年前の地層から出土） 125

ヒュオン（ニューギニア。４万５千年前のサフールランド最古の遺跡の１つ） 183

ビルジングスレーベン（ドイツ。28万年前の地層から古代型サピエンスがハンドアックスのない石器群と共に出土） 108, 120

ピルトダウン（イギリス。1912～1915年にかけて不審な化石が発見された。後に、現代人の頭蓋骨とオランウータンの下顎骨を組み合わせた詐欺だったことが判明） 83

ブロークン・ヒル（ザンビア。1921年、古代型サピエンスが石器や獣骨と共に25万～13万年前の地層から出土） 118, 120

フローリスバッド（南アフリカ。13万～10万年前の地層から現代的な古代型サピエンスが出土） 157

ペトラロナ（ギリシア。古代型サピエンスが50万年前の地層から出土） 120

ベリカ・ペッシナ（旧ユーゴスラビア。３万４千年前の地層からヨーロッ

パ最古の現代型サピエンスが石器と共に出土）　160
ベルテスゾロス（ハンガリー。21万～16万年前の地層からハンドアックスを持たない石器群や炉の址と共に古代型サピエンスが出土）　96, 108
ボウリ（エチオピア。1999年、アウストラロピテクス・ガルヒが250万年前の地層から出土）　45
ボーダー（南アフリカ。現代型サピエンスが８万５千～６万年前の地層から出土）　159
ボカ・タクチト（レヴァント。４万７千年前。最古の後期旧石器時代遺跡の１つ）　180
ボックスグローブ（イギリス。1994年、古代型サピエンスがアシュール文化の石器と共に、50万年前の地層から出土）　89, 120
ポットワープラトー（パキスタン。1980年、ピルビームがシバピテクスを発見）　21
ボド（エチオピア。中期更新世の地層から石器で付けた痕がある頭蓋骨が出土した。世界最古の埋葬儀礼？）　120, 142

マ

マウエル（ドイツ。1907年、古代型サピエンスが70万～40万年前の地層から出土）　83, 118, 120
マカパンスガット（南アフリカ。1947年、ダートがアフリカヌスを発見し、大量に出土した獣骨にもとづいて骨歯牙器文化を主張）　42
馬覇（中国。古代型サピエンスが14万～11万９千年前の地層から出土）　120
メジリヒ（ロシア。１万５千年前の後期旧石器時代遺跡。マンモスの骨を建材とする住居があり、長距離交易をしていた証拠がある）　174
モジョケルト（インドネシア。1936年、ケーニヒスワルトがピテカントロプスを発見。180万年前という年代が最近出た、アジア最古の遺跡の１つ）　83

モロドヴァI（ウクライナ。4万4千年前のマンモスの骨を建材とする最古の住居） 140
モンテ・チルチェオ（イタリア。ネアンデルタールの食人風習を示す遺跡？） 143
モンテ・ベルデ(チリ。1万3千年前の新大陸最古の遺跡の1つ) 160, 186, 187

ラ

ラエトリ（タンザニア。1974年、メアリ・リーキーがアウストラロピテクス・アファレンシスを370万年前の地層から発見。さらに、二足歩行を示す足跡が45mにわたって見つかっている） 44
ラ・キナ(フランス。ネアンデルタールが出土したムスティエ文化の遺跡) 17, 117, 149
ラザレ（フランス。12万5千年前。洞窟の中に住居址がある遺跡） 139
ラ・シェイズ（フランス。もっとも古いネアンデルタールが15万年前の地層から出土） 125
ラ・シャペル・オ・サン（フランス。1908年に発見されたネアンデルタールの埋葬遺跡） 17, 117, 141, 148
ラスコー（フランス。1万7千年前の壁画や彫刻を残す洞窟遺跡） 172
ラ・フェラシー（フランス。6万年前のネアンデルタールの埋葬遺跡） 17, 117, 141, 149
藍田（中国。115万〜80万年前の地層からエレクタスが出土） 89
柳江（中国。現代型サピエンスが6万7千年前の地層から出土） 160
龍骨波(中国。1995年、180万年前の人骨が出土したアジア最古の遺跡) 89
リュケニア丘陵（ケニア。アシュール文化から鉄器時代まで続く遺跡で、壁画も残す） 口絵
ル・ヴァロネ（フランス。約100万年前の石器が出土したヨーロッパ最古の遺跡の1つ？） 106

ル・ムスティエ（フランス。1909年、ネアンデルタールが出土した4万5千年前の遺跡。ムスティエ文化の指標遺跡）　17, 117, 147, 149
レイク・ムンゴ（オーストラリア。3万2千年前の埋葬遺跡）　183

ン

ンガロバ（タンザニア。現代的な古代型サピエンスが、13万～10万年前の地層から出土）　159
ンドゥトゥ（タンザニア。古代型サピエンスが、40万～20万年前の地層から出土）　120

■著者略歴■

木村有紀（きむら　ゆき）

1965年岩手県生まれ。
早稲田大学第一文学部人類・考古学専修卒業。
ウィスコンシン州立大学マディソン校大学院人類学部卒業。
国立歴史民俗博物館非常勤講師を経て、
現在　筑波大学歴史人類学系講師　Ph.D.（人類学）。
主要著作

”Tool–using strategies by early hominids at Bed II, Olduvai Gorge, Tanzania.” Journal of Human Evolution vol. 37, 1999.

「食物分配の起源－ホームベース論の現状」『動物考古学』1998年11号

「肉食の起源」『動物考古学』1997年 9 号

藤本　強
菊池徹夫　監修「世界の考古学」

⑮人類誕生の考古学

2001年 5 月25日　初版発行

著　者　木《き》村《むら》　有《ゆ》紀《き》

発行者　山脇　洋亮

印刷者　亜細亜印刷㈱

発行所　東京都千代田区飯田橋
4-4-8 東京中央ビル内　同成社

TEL 03-3239-1467　振替 00140-0-20618

ISBN4-88621-224-7　C3322